氢气储能
与发电开发

王艳艳　徐　丽　李星国　编著

化学工业出版社

·北京·

本书内容共四章。第 1 章和第 2 章分别介绍了国内外氢能源研究的最新动态以及氢能源应用的主要领域；第 3 章重点介绍了国际上氢能储能和发电技术示范应用项目的现状；第 4 章介绍了氢能储能发电过程中可能存在的技术难点和关键材料问题，包括储氢材料的筛选、技术经济性分析、效率分析、技术匹配性分析等一系列问题；在结束语附录中对我国氢能储能发电前景进行了展望。

本书作为一本有价值的氢气储能与发电开发的参考书籍，适合于从事氢能源利用以及储能发电研究领域的技术人员、研究人员和高等院校大中专学生阅读，可使读者清晰全面地了解氢能储能发电，同时也能为我国氢能储能发电项目建设提供一定的技术参考。

图书在版编目（CIP）数据

氢气储能与发电开发/王艳艳，徐丽，李星国编著.
北京：化学工业出版社，2017.5（2023.4 重印）
ISBN 978-7-122-29288-9

Ⅰ.①氢…　Ⅱ.①王…②徐…③李…　Ⅲ.①氢能-
能量贮存-发电-研究　Ⅳ.①TK912②TM619

中国版本图书馆 CIP 数据核字（2017）第 054160 号

责任编辑：陶艳玲　　　　　　　　　　文字编辑：余纪军
责任校对：边　涛　　　　　　　　　　装帧设计：关　飞

出版发行：化学工业出版社（北京市东城区青年湖南街 13 号　邮政编码 100011）
印　　装：北京虎彩文化传播有限公司
710mm×1000mm　1/16　印张 9¾　字数 177 千字　2023 年 4 月北京第 1 版第 4 次印刷

购书咨询：010-64518888　　　　　　　　　售后服务：010-64518899
网　　址：http://www.cip.com.cn
凡购买本书，如有缺损质量问题，本社销售中心负责调换。

定　　价：49.00 元

前　言

能源是人类社会赖以生存的物质基础，安全可靠和廉价的能源是经济稳定和持续发展的保障。现今，煤、石油、天然气等不可再生能源消耗不断加剧，且对生态环境造成严重的污染和破坏，大力发展清洁能源发电及其大规模并网应用技术将成为未来全球发展的趋势。

氢能作为一种理想的能源，以其来源简单（来源是水）、无污染排放（释放是水）、可从风能、太阳能等新能源发电中高效转化利用，是最有可能带来能源革命性变革的新型清洁能源，也是促进节能减排最具革命性的战略发展资源。世界主要发达国家和国际组织都对氢能源赋予极大的重视，纷纷投入巨资进行氢能相关技术的研发。美国、日本、欧盟等更是致力于控制 21 世纪"氢经济"发展的制高点。"氢经济"已经成为 21 世纪新的竞争领域。

氢能的一个重要应用就是氢储能发电，是通过将新能源（太阳能、风能、潮汐能等）产生的多余电量用电解水制氢，并将氢气储存，在需要时通过燃料电池把化学能直接转换为电能，只要有源源不断的水就能不断发电。氢能发电具备能源来源简单、丰富、存储时间长、转化效率高、几乎无污染排放等优点，是一种应用前景广阔的储能及发电形式，可以解决电网削峰填谷、新能源稳定并网问题，提高电力系统安全性、可靠性、灵活性，并大幅度降低碳排放，推进智能电网和节能减排、资源可持续发展战略。在氢储能技术方面，欧洲的发展相对成熟，有完整的技术储备和设备制造能力，也有多个配合新能源接入使用的氢储能系统的示范项目。如美国、日本都将氢能发电作为电网新能源应用长期的重点发展方向进行战略规划。目前，国际上小型氢能"发电站"开始进入推广期，大型氢能发电示范站也在逐步建设中。而国内也将发展氢能列入国家的重大发展项目之列，统一规划发展氢能系统技术的开发项目。国家电网公司也正在进行氢能储能发电的前瞻性研究。

本书查阅分析了大量国内外科技文献等资料，总结成数据图表，对氢能储能发电技术的关键材料及关键技术进行了总结，并对国际上的氢能储能发电示范应用项目进行了详细的介绍，分析了在氢能发电过程中可能遇到的技术实施中的关键技术和关键材料问题，包括材料的筛选、技术经济性分析、效率、技术匹配问题等一系列问题，提出国内示范应用应重点解决的关键技术。通过本书的阅读，将使读者清晰全面地了解氢能储能发电，同时也能为我国将来建设氢能储能发电项目提供技术参考依据，这对于推进我国电网用氢能储能发电、推进智能电网的发展具有重要意义。

由于作者水平有限，书中难免有不妥之处，希望读者予以批评指正！

编著者

2017.1

目 录

第 1 章 氢能源 / 1

1.1 氢能的特点 ··· 2
1.2 全球氢能源发展现状 ··· 7
    1.2.1 美国 ·· 7
    1.2.2 日本 ·· 9
    1.2.3 欧盟 ··· 11
    1.2.4 德国 ··· 13
    1.2.5 北欧 ··· 14
    1.2.6 中国 ··· 16
1.3 全球从事氢能源基础设施生产的相关企业 ················· 17
参考文献 ··· 19

第 2 章 氢能源的开发与利用 / 20

2.1 氢能在工业中的应用 ·· 20
2.2 氢能源在航空器上的应用 ·· 21
2.3 氢能源在交通运输领域的应用 ···································· 21
2.4 氢能在生活中的应用 ·· 22
2.5 氢能在储能发电上的应用 ·· 23
2.6 氢能开发存在的问题 ·· 24

第 3 章 氢能储能发电现状 / 26

3.1 氢能储能发电介绍 ··· 26

3.2 氢能发电前景分析 ···················· 28

3.3 氢能储能及发电研究与示范性项目 ················ 31

   3.3.1 美国 ···················· 36

   3.3.2 日本 ···················· 37

   3.3.3 欧盟 ···················· 40

   3.3.4 挪威 ···················· 41

   3.3.5 丹麦 ···················· 43

   3.3.6 法国 ···················· 44

   3.3.7 希腊 ···················· 44

   3.3.8 西班牙 ···················· 48

   3.3.9 英国 ···················· 49

   3.3.10 意大利 ···················· 51

   3.3.11 德国 ···················· 53

   3.3.12 韩国 ···················· 57

   3.3.13 中国（未含中国台湾）···················· 57

参考文献 ···················· 58

第4章 氢能储能发电技术实施 / 61

4.1 氢气的储存技术 ···················· 61

   4.1.1 高压储氢 ···················· 62

   4.1.2 液态储氢 ···················· 63

   4.1.3 固态储氢 ···················· 65

4.2 储氢材料 ···················· 66

   4.2.1 储氢合金 ···················· 68

   4.2.2 配位氢化物 ···················· 76

   4.2.3 金属氮氢化物 ···················· 78

   4.2.4 氨硼烷化合物 ···················· 79

   4.2.5 金属有机框架材料 ···················· 80

   4.2.6 碳质储氢材料 ···················· 80

   4.2.7 玻璃微球储氢 ···················· 82

   4.2.8 储氢材料的储能参数和性能特点比较 ···················· 82

   4.2.9 储氢材料研究小组以及研究方向 ···················· 86

4.3 储氢容器 ·· 90

    4.3.1 高压储氢罐 ································· 90

    4.3.2 液化氢气储罐 ······························ 91

    4.3.3 金属氢化物储氢罐 ··························· 92

    4.3.4 复合储氢罐 ······························· 104

    4.3.5 其他固态储氢罐 ··························· 109

    4.3.6 国内外金属氢化物储氢罐生产状况 ·············· 113

4.4 氢能储能发电用储氢材料 ··························· 118

    4.4.1 储氢材料要求 ····························· 118

    4.4.2 储氢材料性能及技术经济性分析 ················ 118

    4.4.3 储能发电用储氢材料筛选 ···················· 126

    4.4.4 应用实例分析 ····························· 127

    4.4.5 储氢容器技术经济性分析 ···················· 129

4.5 氢能储能发电用储氢系统的技术指标 ·················· 130

4.6 氢能储能发电示范应用的关键技术匹配问题 ·············· 133

    4.6.1 电解过程制氢与储氢材料匹配中的关键技术和问题 ····· 133

    4.6.2 燃料电池与储氢材料工作匹配的条件 ············· 134

参考文献 ·· 136

附录 中国氢能发电前景展望 / 144

第1章

氢 能 源

　　随着世界全球气候恶化、石油危机加剧和人口剧增带来的影响不断加重，实行可持续能源发展战略迫在眉睫。氢能是公认的最理想的清洁能源，它最有希望成为 21 世纪人类所企求的清洁能源，人们对氢能的开发应用寄予极大的热忱和希望。通过将新能源发电（太阳能、风能、潮汐能等）产生的多余电量用来电解水制氢，再通过燃料电池把化学能直接转换为电能，只要有源源不断的"燃料"就能不断发电。既可满足交通工具等移动式能源需求，又能实现家庭、公共场所等分布式能源需求，还能成为储能发电的一种重要形式（图 1-1 为氢能源的循环

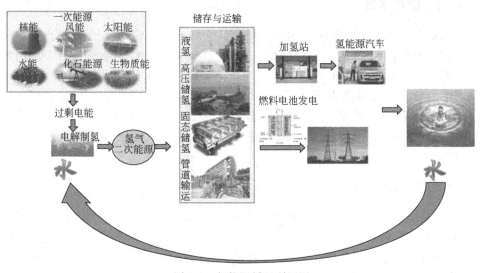

图 1-1　氢能源循环利用图

利用图）。氢资源极其丰富，取之不尽、用之不竭，燃烧热值高，其燃烧产物为水，不会带来环境污染，是煤、石油、天然气等传统能源所无法比拟的。氢能源将成为未来社会绿色能源体系的重要组成。

1.1 氢能的特点

自 1766 年英国化学家和物理学家卡文迪士（Cavendish，H. 1731～1810）发现氢以来，人类对氢的各种性质进行了不断深入的研究。迄今为止，氢气是人类对其性质了解和掌握最为透彻的物质之一。

氢元素周期表代号 H，元素周期表序号 1，英文 Hydrogen，原子量为1.0079，沸点为 $-252.87℃$，熔点为 $-259.14℃$。氢是重量最轻、导热性及燃烧性最好、燃烧最清洁的元素。通常按照来源，将能源分为 2 大类，即一次能源和二次能源。一次能源是指以自然形态存在的能源，包括煤炭、石油、天然气、太阳能、风能、水力、潮汐能、地热能、核能等。二次能源是指由一次能源经过加工转换以后得到的能源，包括电能、汽油、柴油、液化石油气、氢能等。二次能源又可以分为"过程性能源"和"含能体能源"，电能就是应用最广的过程性能源，而汽油和柴油是目前应用最广的含能体能源。氢能是人类能够从自然界获取的储量最丰富且高效的含能体能源，作为能源，氢能具有无可比拟的潜在开发价值。

（1）储量丰富

氢是自然界存在最普遍的元素，据估计它构成了宇宙质量的 75%，除空气中含有氢气外，它主要以化合物的形态储存于水中，而水是地球上最广泛的物质。据推算，如把海水中的氢全部提取出来，它所产生的总热量比地球上所有化石燃料放出的热量还大 9000 倍，水就是地球上无处不在的"氢矿"。另外还可以通过各种一次能源（如化石燃料、天然气、煤、煤层气），可再生能源（如太阳能、风能、生物质能、海洋能、地热）或二次能源（如电力）来开采"氢矿"。

（2）燃烧热值高

氢的发热值很高，除核燃料外，氢的发热值是所有化石燃料、化工燃料和生物燃料中最高的。图 1-2 为各种燃料的能量密度，从中可以看到，氢的能量密度极高，达到 120MJ/kg，每千克氢燃烧后的热量约为汽油的 3 倍，焦炭的4.5 倍。

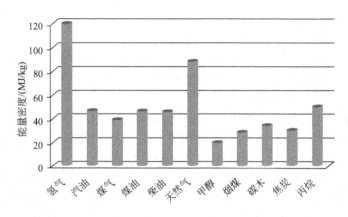

图 1-2　各种燃料的能量密度

（3）能源载体

氢可以作为一种高密度能源存储的载体，可以以多种形式储存。与电、热不能大规模储存不同，氢可以以气态、液态或固态的金属氢化物存储，提供一种高密度存储能量的途径。能适应储运及各种应用环境的不同要求，所以氢可以很容易地大规模储存，就像天然气一样。

（4）能量的可转换性

燃料的使用是通过转换成其他形式的能而实现的，如热能、电能、机械能等。因此能量的可转换性也是衡量燃料实用价值的一项指标。表 1-1 中列出来氢能与化石燃料的能量可转换性。可以看到，化石燃料仅仅只能通过燃烧这唯一的方式实现能源的利用。而氢能则可以通过多种方式实现利用，如除了可以通过燃烧外，还可以直接转换成蒸汽、通过催化燃烧转换成热能，还能通过化学反应成为热源、或者电化学过程而产生电能等。因此，氢能是一种多转换性能源。

表 1-1　氢能与化石燃料的能量可转换性

转换形式	氢能	化石燃料
燃烧	可	可
直接转换成蒸汽	可	否
催化燃烧	可	否
化学反应	可	否
电化学	可	否

（5）安全性

安全性一方面指燃料与燃烧产物的毒性，另一方面指燃料的可燃性。氢气无毒，不像有的燃料毒性很大，如甲醇就很危险。对于化石燃料说，除了燃料本身具有毒性以外，会产生二氧化碳、一氧化碳、碳氢化合物、铅化物、粉尘颗粒之类对环境有害的污染物质，具有毒性。并且毒性随着 C-H 比例的增加而更强。对于氢能来说，氢的燃烧产物是水，是没有毒性的。是一种非常清洁无污染的燃料。

凡是燃料都具有能量，都隐藏着着火和爆炸的危险。我们很熟悉的天然气、汽油、液化石油气和电都是如此。任何燃料的安全性都与其本身的性质密切相关。由于氢的特殊性质，使得氢的安全有不少特点。然而和其他燃料相比，氢气是一种安全性比较高的气体。氢气在开放的大气中，很容易快速逃逸，而不像汽油蒸汽挥发后滞留在空气中不易疏散。有人做过试验，两辆汽车分别用氢气和汽油作燃料，然后做泄漏点火试验（见图 1-3）。可见，点火 3s 后，高压氢气产生

图 1-3　氢气汽车和汽油汽车的燃烧对比试验

的火焰直喷上方。而汽油由于比空气重，则从汽车的下部着火。到1分钟时，氢气作燃料的汽车只有漏出的氢气在燃烧，氢气汽车没有大问题；而汽油车则早已成为一个大火球，完全烧光。这说明了氢气汽车要比我们现在普遍使用的汽油车安全得多。由于氢焰的辐射率小，只有汽油、空气火焰辐射率的十分之一，因此氢气火焰周围的温度并不高。在类似上面的试验中，氢气在后备箱位置燃烧，而汽车后玻璃安然无恙，窗内温度还不到20℃。氢气燃烧不冒烟，生成水，不会污染环境。

氢具有最大的泄漏速率。但氢还具有另外一个特性，即极易扩散。氢的扩散系数比空气大3.8倍，若将2.25m³液氢倾泻在地面，仅需1分钟，就能扩散成为不爆炸的安全混合物，所以微量的氢气泄漏，可以在空气中很快稀释成安全的混合气。这又是氢燃料一大优点，因为燃料泄漏后不能马上消散是最危险的。有文献指出氢的扩散系数比汽油大7.5倍，由此可以证明氢比汽油安全是有根据的。

氢气的比体积小，易向上逃逸，这使得事故时氢气的影响范围要小得多。和其他液化的气体燃料相比，液氢挥发快，有利于安全。有人曾做过试验，将3m³的液氢、甲烷和丙烷分别溅到地面上并蒸发，在相同的条件下，丙烷、甲烷和氢的影响范围分别为13500m²、5000m²和1000m²。可见液氢的影响范围最小，大约是丙烷的十三分之一，甲烷的五分之一。也就说明液氢的安全性要比丙烷和甲烷好。当然，液氢的温度比液氮低得多，需要防止冻伤。

氢也有对安全不利的特点。例如氢着火点能量很小，使氢不论在空气中或者氧气中，都很容易点燃。根据报道，在空气中氢的最小着火能量仅为0.019mJ，在氧气中的最小着火能量更小，仅为0.007mJ。如果用静电计测量化纤上衣摩擦而产生的放电能量，该能量可以比氢和空气混合物的最小着火能量还大好几倍，这足以说明氢的易燃性。氢的另一个危险性是它和空气混合后的燃烧浓度极限的范围很宽，按体积比计算其范围为4%～75%，因此不能因为氢的扩散能力很大而对氢的爆炸危险放松警惕。

为了保证氢气使用安全，用氢场所的氢气浓度检测就非常重要。现代科学技术的发展，已经可以做到氢气浓度快速检测。探测器的尺寸很小，安装、使用都很方便。

表1-2列出了各种燃料与火灾相关的特性参数。可以看到，密度越低的燃料可燃性越弱。因为密度越小，在空气中浮力越大，越容易在空气中扩散开。并且比热容越大，对于一定的热量可以减慢燃料的温升，从而更加安全。另外，宽的燃烧着火界限、低的燃烧着火能以及低的燃烧温度是不利于安全的。而高的火焰温度、高的爆炸能和火焰辐射能力同样也是不安全因素。从以上这些不安全的因素指标看，相对于汽油和天然气来说，氢能具有低的密度、很高的比热容、低的

爆炸能和火焰辐射能力，因此也是相对安全的。表1-3对各种燃料的参数进行了安全等级评估。其中安全因子 Φ_s 定义为与氢安全级数的相对比值。可以看到，氢为最安全的，汽油是最不安全的，而天然气介于两者之间。

表1-2　各种燃料与火灾相关的特性

特性	汽油	甲烷	氢气
密度	4.40	0.65	0.084
在空气中的扩散系数/(cm²/s)	0.05	0.16	0.610
比热容/(J/g·K)	1.20	2.22	14.89
空气中点火极限/(体积)%	1.0～7.6	5.3～15.0	4.0～75.0
空气中点火能/mJ	0.24	0.29	0.02
点火温度/℃	228～471	540	585
燃烧火焰温度/℃	2197	1875	2045
爆炸能量/g TNT/kg	0.25	0.19	0.17
燃烧火焰黑度/(体积)%	34～43	25～33	17～25

表1-3　燃料的安全等级

特性	汽油	甲烷	氢气
毒性	3	2	1
燃烧物毒性	3	2	1
密度	3	2	1
扩散系数	3	2	1
比热容	3	2	1
空气中点火极限	1	2	3
空气中点火能	2	1	3
点火温度	3	2	1
燃烧火焰温度	3	1	2
爆炸能量	3	2	1
燃烧火焰黑度	3	2	1
共计	30	20	16
安全因子 Φ_s	0.53	0.80	1.0

注：1—最安全，2—较安全；3—最不安全。

　　总之，氢气是一种安全性较高的燃料，国内外长期的氢气操作经验告诉我们，只要严格遵守规定，不会发生氢气安全事故。

　　氢能是世界公认的清洁能源，因此得到国际社会的广泛关注。美国、日本、加拿大、德国、中国等国家均制定了氢能的发展规划，并投入大量资金支持氢能领域的研究开发和应用示范。另外，许多国际跨国能源公司和汽车公司也纷纷展开对氢能技术的研究开发。

1.2 全球氢能源发展现状

20 世纪 90 年代以来，氢能源作为一种高效、清洁、可持续发展的"无碳"能源已得到世界各国的普遍关注，世界主要发达国家和国际组织都对氢能源赋予极大的重视，纷纷投入巨资进行氢能相关技术的研发。美国、日本、欧盟等更是致力于控制 21 世纪"氢经济"（Hydrogen Economics）发展的制高点。"氢经济"已经成为 21 世纪新的竞争领域。

早在 1970 年，美国通用汽车公司的技术研究中心就提出了"氢经济"的概念。1976 年美国斯坦福研究院就开展了氢经济的可行性研究。2006 年 11 月 13 日国际氢能界的主要科学家联名向八国集团领导人（加拿大总理斯蒂芬·哈珀、法国总统雅克·希拉克、德国总理默克尔、意大利总理罗马诺·普罗迪、日本首相安倍晋三、俄罗斯总统弗拉基米尔·普京、英国首相托尼·布莱尔和美国总统乔治·布什）以及联合国相关部门负责人提交了有关氢能的《百年备忘录》。在备忘录中，科学家们指出："21 世纪初叶人类正面临的两大危机：一是人为因素导致的气候变化是真实存在的，至 21 世纪末，气温的升高将会呈现一个相当大的幅度，并将会给人类、动物、植物以及人类文化遗产带来灾难性的后果。二是传统化石能源或核能源燃料被少数几个国家寡头垄断的情况正不断加剧，这不利于大多数国家利用能源。解决上述问题的方案不少，但是氢能为最优方案，它将为人类提供足够的清洁能源。"

2010 年 5 月在德国埃森召开的"第 18 届世界氢能大会"，各主要国家均有代表出席，并介绍自己国家的氢能进展，充分展示了各国正在加快氢能源市场化步伐。世界氢能大会是由国际氢能学会创办的氢能国际会议，每两年举办一次。会议内容侧重于氢能科学。国际氢能学会是全球氢能领域最高级别的非盈利性学术组织，1974 年在美国成立，其会员遍布全球。国际氢能学会同时还创办了世界氢能技术大会，每两年举办一次。会议内容侧重于氢能应用技术。目前已举办5 届。2013 年的第 5 届世界氢能技术大会是在我国上海举办的。

1.2.1 美国

美国高度重视氢能源的开发和利用，致力于推动氢经济的发展。美国从国家可持续发展和安全战略的高度，制定了长期的氢能源发展战略。美国的氢能发展路线图（图 1-4）从时间上分为 4 个阶段：①技术、政策和市场开发阶段；②向市场过渡阶段；③市场和基础设施扩张阶段；④走进氢经济时代。从 2000 年至 2040 年，每 10 年实现一个阶段。美国目前每年生产 $5.4 \times 10^7 m^3$ 氢气。拥有氢气管道 1900 英里（1mi＝1.61km）。现有 230 多辆氢燃料电池轿车，130 多辆氢燃料电池公共汽车，大约 200 座加氢站。

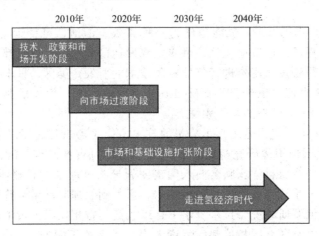

图 1-4 美国的氢能发展路线图

美国氢能源发展大事记：

✦ 美国对氢能源的关注要追溯到 1973 年的石油能源危机时期。在 1973 年石油危机时期，美国成立了国际氢能源组织，并且在迈阿密召开了第一次国际会议。

✦ 20 世纪 80 年代，美国对于氢能源项目的研究投资急剧减少，直到 90 年代人们日渐关注全球气候改变及对石油进口的依赖才重新启用此项投资。

✦ 2001 年 11 月，美国召开了国家氢能发展展望研讨会，勾画了氢经济蓝图："在未来的氢经济中，美国将拥有安全、清洁以及繁荣的氢能产业；美国消费者将像现在获取汽油、天然气或电力那样方便地获取氢能；氢能的制备将是洁净的，没有温室气体排放；氢能将以安全的方式输送；美国的商业和消费者将氢作为能源的选择之一；美国的氢能产业将提供全球领先的设备、产品和服务。"

✦ 2002 年，美国能源部建立了氢、燃料电池和基础设施技术规划办公室，提出了《向氢经济过渡的 2030 年远景展望报告》，制订了美国未来氢经济发展的宏伟蓝图，同年 11 月，出台了《国家氢能发展路线图报告》。

✦ 2003 年 1 月 28 日，美国总统布什宣布启动总额超过 20 亿美元氢燃料研究计划。该项目提出了氢能工业化生产技术，氢能存储技术，氢能应用、开发技术等重点开发项目，以促进氢燃料电池汽车技术和氢基础设施技术在 2015 年实现商业化应用，为发展"氢经济"提供技术支撑。

✦ 2003 年 11 月 20 日，由美国、澳大利亚、巴西、加拿大、中国、意大利、英国、冰岛、挪威、德国、法国、俄罗斯、日本、韩国、印度、欧盟委员会参加的《氢经济国际伙伴计划》在华盛顿宣告成立，这标志着国际社会在发展氢经济上已初步达成共识，也为美国发展氢经济提供了国际合作的基础。至此，美国发展氢经济的准备工作可以说已初步完成。

✦ 2004 年 2 月，美国能源部公布了《氢能技术研究、开发与示范行动计划》。该计划具体地阐述了发展氢经济的步骤和向氢经济过渡的时间表，该计划的出台是美国推动氢经济发展的又一重大举措，标志着美国发展氢经济已从政策评估、制定阶段进入到了系统化实施阶段。

✦ 2004 年 5 月，美国建立了第一座氢气站，加利福尼亚州的一个固定制氢发电装置"家庭能量站第三代"开始试用。这个装置用天然气制造氢气维持燃料电池。第三代比第二代的重量轻了 30%，发电量却提高了 25%，同时氢气的制造和储存能力提高了 50%。

✦ 2005 年 7 月，世界上第一批生产氢能燃料电池汽车的公司之一戴姆勒-克莱斯勒公司研制的"第五代新电池车"成功横跨美国，刷新了燃料电池车在公路上行驶的纪录，该车以氢气为动力，全程行驶距离 5245km，最高时速 145km。

1.2.2 日本

如果不是那场海啸引发的核泄漏，日本可能不会放弃纯电动车的计划。日本关闭全部核电站让所有车企意识到原本利用夜间剩余电力充电的梦想无法实现了。面对日益高涨的石化燃料价格以及日本国内越来越大的能源漏洞，日本开始寻找真正的可替代能源。氢在燃烧时不会产生二氧化碳，被视为环保能源之一。在氢和氧经化学反应发电的燃料电池领域，日本拥有数项全球第一的专利，因此政府在能源基本计划中倡导推进氢的运用。

在国际上，日本在努力发展氢经济方面是最具影响力的国家之一，不仅表现在研发上，而且体现在产品计划上。以下几个方面的因素决定了日本的先导地位：日本政府承诺签署到 2010 年减少 6% 温室气体的目标草案；日本本国运输行业对石油进口的极大依赖性；日本需要维护本国高新技术形象和经济两方面超级强国的地位。

日本从 1993 年开始发展了一个 WE-NET 项目。这个项目是关于诸多可更新能源的世界性发展网络介绍、传输和利用。这一项目是在 2002 年完成的，它是由新能源工业技术发展组织经营的一个广泛的政府性工业学术企业，主要任务是关于氢能源研究方面的计划及策略贯彻。第一阶段的 WE-NET 项目从 1993～1998 年，主要集中研究不同氢技术的可行性分析，以及适用于日本的氢能源作业计划。第二阶段从 1999～2002 年，主要是对选定方案的介绍、验证及测试，同时发展更进一步的研究和计划。以上两个阶段的研发预算为 2 百亿日元，近 2 亿美元。接下来的研究项目是称为氢能源安全利用方面的基础技术研发，预计将持续到 2020 年，主要方向是氢能源基础建设在日本的逐步普及和渗透。虽然 WE-NET 项目预计日本的氢能源从可持续能源中的量产可以达到每年 $210m^3$，但是到 2030 年可持续氢能的消耗仅占氢能源的 15%，2030 年日本总体的氢能消耗预计为 $9.6m^3/年$，这仅是总能源消耗的 4%。

为解决石油依赖问题，日本通过政府主导和立法先行等方式积极推动氢能源产业发展。政府对新能源产业发展的重视通过立法的形式来体现，扶持政策也给相关研发机构和生产企业丰厚的补贴。2015 年氢能源相关项目的预算将从 2014 年的 165 亿日元倍增至 401 亿日元。日本东京市政府官员说，2020 年东京奥运会运动员村将使用氢能作为主要能源，推广氢能汽车以及氢能发电，奥运会结束后，奥运村将变身清洁无污染的"氢镇"。东京市政府打算建立多座氢站并铺设管道，把氢气输送至奥运村住宿区、餐饮区和运动设施区。这些建筑设施内设有"燃料舱"，氢气与氧气在其中混合，可以发电并产生热水。接送运动员的大客车同样使用氢燃料，在特殊的氢站加载燃料。

氢燃料电池汽车将是日本新能源汽车的最终目的。相比纯电动车，燃料电池车在续航和加气时间上都有着较大的优势。本田推出的新款氢燃料电池汽车性能卓越，燃料电池最大功率在 100kW 以上，功率密度达到 3kW/L 以上，单次加氢只需 3 分钟，且续航里程可达到 700km，能够完美地满足人们日常出行的需要，售价 723.6 万日元，政府补贴 202 万日元。

日本同时正在积极推进加氢站网络建设，目标在 2 年内完成 100 座加氢站的建设。加氢站主要分布在关西地区、九州北部、中京地区和首都地区，并通过高速公路将这四大核心区域连接起来，打造氢能源利用的先行标杆。单个加氢站的建设费用约为 4 亿～5 亿日元，根据政策，政府可补贴建设费用的一半。

日本经济产业省下属独立行政法人——新能源与产业技术综合开发机构（NEDO）汇总了首份《氢能源白皮书》，将氢能发电列为第三大支柱产业。白皮书预测随着家用燃料电池与燃料电池车的普及与用途扩大，到 2030 年将形成一个 1 万亿日元（约合人民币 600 亿元）的国内市场，到 2050 年市场规模将扩大至 8 万亿日元。白皮书称"将推动氢成为电源构成的一部分"，这或将刺激产、官、学三界加大行动力度。白皮书强调，为强化能源安全保障、环保措施和产业竞争力，氢是极为重要的技术领域，是仅次于家用燃料电池和燃料电池车的第三大核心。关于家用燃料电池，白皮书指出目前包括安装费在内的投资约为 150 万日元，仅为刚上市时的一半左右，但全面普及还需进一步压低成本。

日本政府 2014 年 6 月公布了关于氢能与燃料电池发展的路线图，其通向"氢社会"的三个阶段分别是：第一阶段为当前到 2025 年左右，主要是促进燃料电池的广泛应用，包括家用燃料电池和燃料电池汽车等，预期到 2025 年左右燃料电池汽车的价格与混合动力汽车持平；第二阶段为 2025 到 2040 年左右，主要是促进燃料电池发电厂和建立起基于海外能源供应的氢供应链；第三阶段为 2040 年之后，建立起无 CO_2 排放的氢供应链。目前，日本经济、贸易与产业部 (METI) 正在组织对这一路线图进行细化的升级版，预计明年会公布新的路线图。日本政府计划 2016 年投入氢能与燃料电池的财政预算达到 601 亿日元，比 2015 年的 430 多亿又大幅增加。预算分配如下：补贴 ENE-FARM 家用燃料电池系统 170 亿日元，补贴燃料电池汽车 150 亿日元，补贴加氢站 62 亿日元，燃料电池及加氢站的研发预算 88.5 亿日元，全球氢供应链示范项目 33.5 亿日元，氢的制取储运研发及构建氢能网络投入 97 亿日元。

示范与应用方面，截至 2015 年 10 月，日本国内安装的固定式燃料电池应用已达 14.1 万套，目标是 2020 年达到 140 万套，2030 年达到 530 万套。在燃料电池交通应用方面，2015 年 10 月，丰田宣布其 Mirai 燃料电池汽车预期全球销售量将在 2020 年达到 3 万辆；本田也于 2015 年 10 月宣布计划于 2016 年 3 月上市销售燃料电池汽车，定价 766 万日元。另外，截至 2015 年 10 月，日本在用商业化加氢站有 31 座，预算经费已落实的计划建设加氢站有 81 座。

未来海外供给将成为日本氢气的重要来源，氢气的远洋运输仍待解决。未来随着燃料电池车的普及和氢电站的需求的扩大，日本国内制取的氢气或将不能满足需要，这时从海外进口未被利用的氢气就成了另一个很重要的方法。所涉及的最重要的问题就是氢气的远洋运输，液化氢气运输船和有机液态储氢材料或是比较好的选择。

1.2.3　欧盟

欧盟 25 国在 2003 年促成了"欧洲研究区（Euro-pean Research Area，ERA）"项目，该项目包括了"欧洲氢能和燃料电池技术平台（EHFCP）"。该平台的目的在于向欧盟委员会推荐燃料电池和氢能技术发展的一些关键性领域，从而能够在"第 7 框架计划 [7th Framework Programme（FP），2007-2012] 中重点攻关"。在 ERA 之前，欧洲制定了一个 10 年的研发战略——"至 2005 年欧洲的研发与示范战略"，其中明确地提出了 2005 年欧盟燃料电池研发所要达到的目标，其核心是降低燃料电池的成本，在 1998 年欧盟对这个计划进行了修正，使目标更具有弹性。此战略规划中，2010 年前的阶段目标是研制以

天然气为原料的用于发电的初级燃料电池产品。战略制定专家组认为到 2020 年
成员国当中会有 5% 的新型汽车和 2% 的船舶使用氢能产品，到 2030～2040 年市
场占有额会不断提高，并预计在 2020～2050 年间可再生能源和先进的核能会成
为主要的氢能源。尽管在天然气技术发展道路上会有一些危险性，但欧洲委员会
预言即使在遥远的未来，来源于碳隔离化石燃料的氢能产品与可再生能源及核能
一起都将仍然扮演重要的角色。

图 1-5 给出欧洲从 2000 年基于化石燃料的经济过渡到 2050 年氢经济的分阶
段发展编年史。左上方为 H$_2$ 生产和分配。由 2000 年通过重整天然气和电解制
H$_2$；到 2010 年建立注 H$_2$ 站群体、通过公路运输和在当地加油站制 H$_2$（重整
和电解）；在 2020 年前后过渡到通过当地 H$_2$ 分布栅网中具有 C 的多价螯合物化
石燃料群体制 H$_2$，以及建立当地 H$_2$ 分布栅互联网，简化包括从生物体汽化在
内的可再生能源生产 H$_2$；2030 年广泛扩展 H$_2$ 管线构架；2040 年通过可再生能
源、具有多价螯合物化石燃料和核能增加脱碳的 H$_2$ 生产；2050 年从可再生能
源直接生产 H$_2$，H$_2$ 群体的去炭化。图 1-5 右下方为燃料电池 FC 和 H$_2$ 系统发
展和配置。2000 年用于壁龛的固定式低温燃料电池系统商业化；随后发展固定
式低温燃料电池系统（PEM）（<300kW）和发展固定式高温燃料电池系统
（MCFC/SOFC）（<500kW），以及发展 H$_2$ICE，并演示燃料电池公共汽车；
2010 年系列生产用于飞机（直接制 H$_2$ 和重整）和其他运输（船只）的第一代
H$_2$ 机组（第一代储氢）；2020 年发展低价格高温燃料电池系统；FC 在微型器件
中应用；FC 车辆用于载人汽车；常压和混合的 SOFC 系统商用（<10MW）；

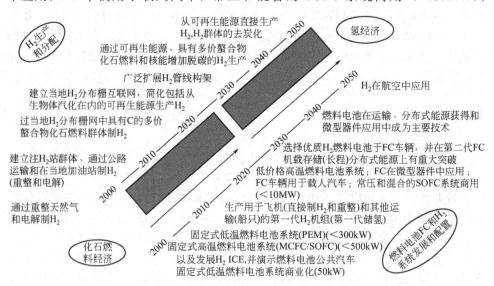

图 1-5　欧洲从 2000 年基于化石燃料的经济过渡到 2050 年氢经济的分阶段发展编年史

2030 年选择优质 H_2 燃料电池于 FC 车辆，并在第二代 FC 机载存储（长程）分布式能源上有重大突破；2040 年燃料电池在运输、分布式能源获得和微型器件应用中成为主要技术；2050 年 H_2 在航空中应用。未来集成能量系统（IES）前景，复合了民用分散加热的大小燃料电池和燃料电池厂，利用天然气制氢并送至燃料电池厂发电，再与太阳能、风能等可再生能源发的电联网，构成未来集成的能量系统。本地的氢网络也能用于燃料电池车辆、舰艇供氢。

1.2.4 德国

德国政府主要通过国家氢能与燃料电池创新计划（NIP）来支持氢能与燃料电池。目前，德国政府相关部门正在讨论将 NIP 计划延续第二期至 2028 年，NIP 二期的重点将包括研发和市场启动两个方面。德国联邦交通与数字基础设施部（BMVI）已确定在 2018 年前用于氢能与燃料电池的预算投入至少 1.61 亿欧元。在产业发展方面，德国继续推进 H_2 Mobility 计划，并且由发起该计划倡议的 6 家公司合资成立了一家名为 H_2 Mobility 的公司，来进一步推进加氢站建设的计划，从图 1-6 中 H_2 Mobility 计划图上看到，至 2023 年在德国境内建成 400

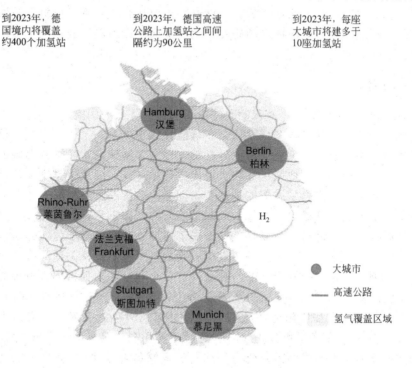

图 1-6　2023 年德国 H_2 Mobility HRS 计划图

座加氢站。它将分布在德国整个高速公路的网络中，至少每隔 90km 有一个加氢站；从人口密度来看，至少在每个大都市区内有 10 个加氢站。

德国的其他项目也正推动着氢技术的发展。例如汉堡市正在尝试使用燃料电池的公共汽车，其中一条线路得到国家氢气和燃料电池技术项目以及电动汽车区域项目的支持。在巴登-符腾堡州的太阳能和氢气研究所（ZSW）和在德累斯顿的弗劳恩研究所（IFAM），只是在德国众多研究机构中的两个，正在从事氢气作为燃料的研究工作。

1.2.5 北欧

北欧五国成立了"北欧能源研究组织"，专门负责包括氢能和燃料电池从生产到应用的能源计划。从 2003 年到 2006 年，北欧能源研究组织计划每年投入约1400 万欧元，开展能源研发和商业化活动，其中在氢能和燃料电池研发上每年投入 350 万欧元，占 25％。该组织与行业中私营企业联合的研发项目，采取成本共享方法，企业投入很大。所以氢能和燃料电池研发的总预算每年达到1600 万～1800 万欧元。资助的主要计划和关键领域集中在：氢能生产，包括生物制氢、电解制氢和天然气制氢；氢储存，主要是合金储氢；燃料电池网络，加强北欧五国应用燃料电池技术的研发。北欧地区的冰岛和挪威是两个最为关注氢能经济发展的国家。

（1）冰岛

冰岛曾于 1999 年 2 月公开发表一项引起世人关注的国家目标：至 2030 年冰岛要将其经济过渡到氢能经济。冰岛在氢能技术推广上花了很大力气，试图发展氢能使用的领先地位，发展成为世界上第一个氢经济国家。凭借其独到的储氢研究经验和技术，再加上地域优势和资源优势，冰岛政府的政策是增加使环境和谐的可再生能源。而优先发展氢能是这个长期能源政策的组成部分。冰岛氢能政策的一个重要方面，是提出冰岛作为国际氢能研究与测试平台。冰岛大学对利用可再生资源生产合成燃料，主要是氢能开展了研究，从而打下了能源领域的国际合作基础。以此基础，冰岛政府关于氢能政策的一个主要目标是建立合适的国际氢能研究与测试平台，公共管理部门和私营行业企业合作，提供未来发展的特别框架。工业商业部（Ministry of Industry and Commerce）会同其他部门和利益相关者主要负责推广和实施能源政策和氢能政策。国家能源署（National Energy Authority）是一个管理和法规机构，主管开发和利用地热和水力能源，也评估氢能在国家能源生产中的潜在能力。冰岛的氢燃料都是通过电解水的方法获得。冰岛 72％的电力供应来源于地热和水力发电。由于有庞大的可利用的清洁能源供应，冰岛可以直接用全国电网进行电解水生产氢燃料。由于低廉的 2 分钱/千瓦·时的电力价格，冰岛每年可生产出 2000t 电解氢。这个得天独厚的条件是其他任何国家无法比拟的。此外，冰岛还成立了由汽车制造商和电力公司组成的新能源联盟，他们计划在冰岛国内建立完全使用氢燃料的系统，并能出口氢燃料。

（2）丹麦

氢能在丹麦有中心地位，因为世界上三分之一的氢能生产是用了丹麦 Haldor Topsoe 公司开发的技术。丹麦科学技术创新部（Ministry of Science, Technology and Innovation）和丹麦能源署（Danish Energy Authority）负责氢能和燃料电池研发计划，负责制订氢能战略，这一战略包括在 2005 年 3 月出台的政府能源行动计划中。丹麦能源署负责资助和管理大多数能源领域的研究活动和计划，每年投入 500 万欧元，资助研究燃料电池和氢能。丹麦全国每年用在研发燃料电池技术上投入 2000 万欧元。丹麦已经制定了具体的开发燃料电池技术的战略和路线图。2004 年制订了氢能战略。

（3）挪威

挪威有充足的天然气资源，因而对二氧化碳捕捉和封存的天然气制氢有很高的优先研发地位。挪威有广阔的地域，适合二氧化碳收集。挪威的 Hydro 公司是世界上最领先的电解槽制造商之一，积累了很多年电解技术经验和知识。挪威政府成立了氢能委员会（The Norwegian Hydrogen Commission），委员会代表不同行业、研发机构、政府部门和非政府组织，把开发氢作为能源载体的国家目标，约定政府参与框架的条件，提出国家氢能计划并组织实施，提供应尽责任和必要的资助。

目前挪威有具体氢能计划，挪威研究理事会（The Research Council of Norway）负责未来清洁能源计划（RENERGI Programme）。RENERGI 计划期限为 2004～2013 年。焦点放在能源生产和运输、固定和移动能源使用上。这个计划每年资助 2000 万欧元。氢能资助占 13%，2004 年研究理事会资助的氢能和燃料电池研发项目经费为 400 万欧元，其中氢能和电厂相关的二氧化碳捕捉和封存项目 150 万欧元，氢气生产项目 100 万欧元，储氢项目 70 万欧元，氢系统分析项目 60 万欧元，燃料电池项目 20 万欧元。2004 年，启动了 UTSIRA 示范项目，得到了石油能源部下属企业 ENOVA 公司的部分资助和 Hydro 公司资助。UTSIRA 示范是一个风能-氢能项目，提供部分居民通过风能得到氢能。

2004 年 11 月，挪威氢委员会提出，挪威有大量天然气资源，天然气制氢收集二氧化碳与天然气发电收集二氧化碳一样重要。氢能是未来可持续能源系统的重要部分。氢能委员会提出了 4 个目标：①挪威天然气制氢环境友好，与石油或柴油比较价格具有竞争优势，二氧化碳也好处理。②发展前期氢能用户，主要发展交通领域氢能车辆和车队。③储氢技术领先。④发展氢能技术工业，包括成立制氢和用氢的组件和下游系统的供应商；发展基于电解技术加氢站的供应商；成为使用燃料电池车队的领先国家。

2005 年，挪威石油和能源部和交通运输部共同制定了国家氢战略，如图 1-7 所示。

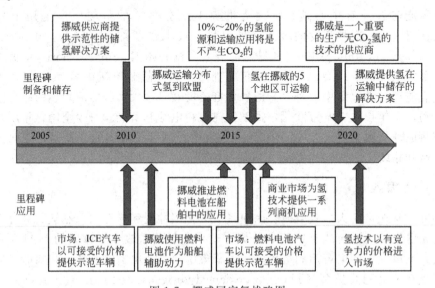

图 1-7　挪威国家氢战略图

2009 年，挪威建成 580km 氢高速公路，途经 7 个主要城市，氢能汽车可以随时在沿途加氢站补充燃料。该项目是政府颁布实施的一项国家级项目，由政府、企业与科研院所联合实施，总造价约 4 亿美元。

1.2.6　中国

中国人口总数居世界第一，目前有 13 亿，其中城市居民占 47％。自 1993 年以来中国成为原油净进口国，2009 年之后成为世界第二大的原油进口国。中国电力有 80％来自煤，19％来自水力发电，这种结构使中国自 2007 年以来成为世界 CO_2 排放第一大国。而且其他制造和家庭领域也有不少的碳排放量。中国的汽车制造量自 2008 年位居世界第一，达 1800 万辆。中国因环境污染，每年要损失 300 亿～1000 亿元人民币，占到国民生产总值的 3％～7％，与年增长率相近。若加上大量使用化石燃料产生的温室气体排放对气候的影响和洪涝灾害损失，则将大大超过此数。中国能源短缺，电力供应紧张、环境污染严重，已经影响到国民经济的快速发展。将发展氢能尽早列入国家的重大发展项目之列，统一规划发展氢能系统技术的开发项目。

中国对氢能的研究与发展可以追溯到 20 世纪 60 年代初，中国科学家为发展本国的航天事业，对作为火箭燃料的液氢的生产、H_2/O_2 燃料电池的研制与开发进行了大量而有效的工作。将氢作为能源载体和新的能源系统进行开发，则是从 20 世纪 70 年代开始的。2003 年，中国科学技术部代表中国政府在华盛顿与美、日、俄等 14 个国家以及欧盟代表共同签署了《氢能经济国际合作伙伴计划》，中国作为起始成员国之一，在氢能经济研究开发、相关领域的国际合作以及各种示范及对公众宣传方面做了大量的工作。中国的氢能开发技术已逐步跨入世界先进行列。在我国《国家中长期科学和技术发展规划纲要（2006—2020年）》和《国家"十一五"科学技术发展规划》中都列入了氢能开发的相关内容。最近国务院办公厅印发的《能源发展战略行动计划（2014—2020 年）》中，氢能与燃料电池已被明确列入能源科技 20 个重点创新方向之一。

中国在国家科技部和各部委基金项目的支持下，已初步形成了一支由高等院校、中科院、企业等为主的从事氢能与燃料电池研究、开发和利用的专业队伍，研发领域涉及氢经济相关技术的基础研究、技术开发和示范试验等方面。如2000 年科技部资助的国家"973"项目"氢能规模制备、储运及相关燃料电池的基础研究"。2006 年国家 863 计划先进能源技术领域"氢能与燃料电池技术"专题等。参与单位众多，影响较大。

1.3　全球从事氢能源基础设施生产的相关企业

全球从事氢能源基础设施生产的相关企业见表 1-4。

表 1-4　全球从事氢能源基础设施生产的相关企业

国家	公司	从事业务
美国	H₂ scan 公司	氢气检测设备
美国	德尔福汽车系统有限公司	专注于固体氧化物燃料电池（SOFC）的发展，并为商用车、固定式发电站及军用设施提供燃料电池系统
	Hydrogenics 公司	设计、制作、安装氢能系统
	Element 1 公司	制氢装置
	Altergy 系统公司	生产燃料电池系统
	Proton OnSite	发展氢能技术产品和服务

国家	公司	从事业务
芬兰	Elcogen 燃料电池技术公司	专业生产固体氧化物燃料电池（SOFC）
	Convion 公司	燃料电池系统集成
中国	合即得能源科技有限公司	制氢设备和清洁电源的研发和生产
	上海舜华新能源系统有限公司	供氢系统及加氢设备研发销售、加氢站设计与工程技术服务、分布式能源动力装置的研发和系统集成
	安思卓（南京）新能源有限公司	风力、太阳能等新能源制氢储能，利用富余的可再生新能源制备氢气
	宁澳新能源有限公司	新能源领域材料研究开发及相关系统集成
	弗尔赛能源有限公司	燃料电池系统相关产品的设计、开发、生产和销售
	昆山桑莱特新能源科技有限公司	开发质子交换膜燃料电池（PEMFC）原材料及电池系统等相关产品
	北京派瑞华氢能源公司	可再生能源制氢及发电、氢能基础设施、高效电解水制氢系统、车载氢系统、燃料电池系统集成和应用等领域
	北京氢璞创能科技有限公司	推动燃料电池技术在通信、汽车、军工等领域应用
中国台湾	扬志股份有限公司	燃料电池膜电极技术
	索罗尔企业有限公司	燃料电池产品
	光腾光电氢能事业部	主要进行燃料电池关键零部件的开发
	汉氢科技股份有限公司	固态储氢容器设计制造与氢能技术、燃料电池技术供应商
	博研燃料电池股份有限公司	中小型质子交换膜燃料电池（PEMFC）的系统模组研发制造
德国	Heliocentris 能源方案解决公司	节能服务和分布式电源解决方案公司
	Future E 燃料电池公司	开发、生产及销售质子交换膜燃料电池（PEMFC）的公司
	Elcore 公司	利用目前先进的燃料电池技术提供高效率的能源解决方案
	QUINTECH 公司	燃料电池集成
加拿大	Ballard 公司	PEMFC 技术上全球领先
瑞典	Cellkraft 公司	研发燃料电池技术

参 考 文 献

[1] T. Nejat Veziroğlu, Sümer Şahin. Energy Conversion and Management [J], 2008, 49: 1820~1831.

[2] 科学技术部. 这十年能源领域科技发展报告 [M]. 北京: 科学技术文献出版社, 2012.

[3] 中国氢能源网 http://www. china-hydrogen. org/.

[4] 毛宗强. 氢的安全性, 太阳能 [J], 2007, 11, 14~16.

[5] 日经 BP 清洁技术研究所. 世界氢基础设施项目总览 [M].

[6] 2014 年 NEDO 水素エネルギー白書.

[7] http://www. hydrogen. gov/president. html.

[8] www. hfpeurope. org/hfp/keydocs.

[9] European Commission. Hydrogen Energy and Fuel Cell-A vision of our future. EUR 20719 EN (2003).

[10] National Organization Hydrogen and Fuel Cell Technology. H_2 mobility initiative: leading industrial companies agree on an action plan for the construction of a hydrogen refueling network in Germany. www. now-gmbh. de.

[11] Fuel Cells and Hydrogen in Norway. Fuel Cells Today, 2013, http://www. fuelcelltoday. com/.

[12] Norway HyNor Project, http://www. hydrogencarsnow. com/index. php/norway-hynor-project/.

[13] UK H_2 Mobility Phase 1 Results, https://www. gov. uk/government/uploads/system/uploads/attachment _ data/file/192440/13-799-uk-h2-mobility-phase-1-results. pdf.

[14] 毛宗强. 世界各国加快氢能源市场化步伐——记第 18 届世界氢能大会. 中外能源 [J], 2010, 15: 29~34.

[15] 北欧五国积极投入氢能和燃料电池研发与示范. 现代材料动态 [J], 2005, 9: 22~25.

第2章
氢能源的开发与利用

氢能源的利用体系如图 2-1 所示，主要应用在工业、交通、航空航天、储能、发电、民用等领域。

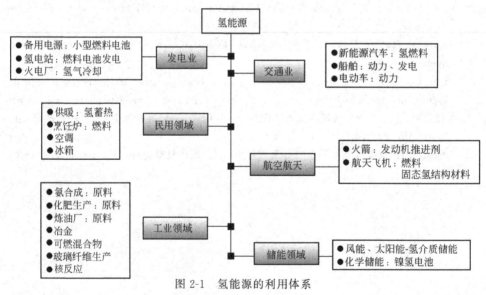

图 2-1　氢能源的利用体系

2.1　氢能在工业中的应用

氢气是现代炼油工业和化学工业的基本原料之一，广泛范围内氢以多种形式用于化学工业，现代工业中全世界每年用氢量超过 5500 亿立方米。石油和其他化石燃料的精炼需要氢，如烃的增氢、煤的气化、重油的精炼等；化工中制氨、制甲醇也需要氢。其中，氢气在合成氨上用量最大。世界上约 60% 的氢是用在合成氨上，我国的比例更高，约占总消耗量的 80% 以上。石油炼制工业用氢量仅次于合成氨。在石油炼制过程中，氢气主要用于石脑油、粗柴油、燃料油的加氢脱硫，改善飞机燃料的无火焰高度和加氢裂化等方面。

2.2　氢能源在航空器上的应用

早在二战期间，氢即用作 A-2 火箭发动机的液体推进剂。1960 年液氢首次用作航天动力燃料，1970 年美国发射的"阿波罗"登月飞船使用的起飞火箭也是用液氢作燃料。对现代航天飞机而言，减轻燃料自重，增加有效载荷变得更为重要。氢的能量密度很高，是普通汽油的 3 倍，这意味着燃料的自重可减轻2/3，这对航天飞机是极为有利的。今天的航天飞机以氢作为发动机的推进剂，以纯氧作为氧化剂，液氢就装在外部推进剂桶内，每次发射需用 $1450m^3$，重约 $100t$。现在人们正在研究一种"固态氢"的宇宙飞船。固态氢既作为飞船的结构材料，又作为飞船的动力燃料。在飞行期间，飞船上所有的非重要零件都可以转作能源而"消耗掉"。这样飞船在宇宙中就能飞行更长的时间。在超声速飞机和远程洲际客机上以氢作动力燃料的研究已进行多年，目前已进入样机和试飞阶段。

2.3　氢能源在交通运输领域的应用

氢作为重要的能源载体，将会通过燃料电池而应用于未来的交通领域。可以作为汽车、公共汽车、火车、船舶等交通工具和叉车、铲车的动力源。而汽车将是开发的重点。

美、德、法、日等汽车大国早已推出以氢作燃料的示范汽车，并进行了几十万公里的道路运行试验。氢能源汽车又分为氢动力汽车和氢燃料电池汽车。氢动力汽车是在传统内燃机的基础上改造之后直接使用氢为燃料产生动力的内燃机，氢的燃烧不会产生颗粒和积炭，但是进气比例与汽油不同，氢动力汽车的研发早在 19 世纪中就开展了，日本和美国在这方面起步较早，而德国后来居上，特别是宝马氢能 7 系日用车的推出标志着氢燃料车开始走向应用。我国在 2007 年完成了氢内燃机，并制造了自主的氢动力车"氢程"。未来氢燃料车的发展除了前面提到的制氢储氢技术外，还需要加氢站等配套设施的建立，新能源的发展上国家层面的推动必不可少。相比较而言，燃料电池汽车的开发更为简单，目前各大国外汽车公司都有燃料电池汽车的产品在研发生产。韩国现代的燃料电池汽车技术已发展到第三代，性能已经十分优越，完全满足实际生活中的应用，在2015年大规模生产。我国在北京奥运会和上海世博会上都使用了上海神力科技的氢燃料电池车。其他知名车企如福特、通用、奔驰、宝马都有各自的氢燃料汽车的产品。

试验证明，以氢作燃料的汽车在经济性、适应性和安全性三方面均有良好的前景，但目前仍存在储氢密度小和成本高两大障碍。前者使汽车连续行驶的路程受限制，后者主要是由于液氢供应系统费用过高造成的。美国和加拿大已联手合作拟在铁路机车上采用液氢作燃料。在进一步取得研究成果后，从加拿大西部到东部的大陆铁路上将奔驰着燃用液氢和液氧的机车。

现在氢能的开发和利用已经逐渐起步，虽然目前还处于探索积累阶段，未来也是新能源道路上重要的一部分，预计不久的将来，氢能会给以汽车为代表的工业提供一种新的能量选择，并带动起一个产业链的发展。

2.4 氢能在生活中的应用

随着氢能技术的发展和化石能源的缺少，氢能利用迟早将进入家庭，它可以像输送城市煤气一样，通过氢气管道送往千家万户。然后分别接通厨房灶具、浴室、氢气冰箱、空调机等，并且在车库内与汽车充氢设备连接。人们的生活靠一条氢能管道，可以代替煤气、暖气甚至电力管线，连汽车的加油站也省掉了。这样清洁方便的氢能系统，将给人们创造舒适的生活环境，减轻许多繁杂事务。

（1）移动装置上的应用

伴随燃料电池的日益发展，它们正成为不断增加的移动电器的主要能源。微型燃料电池因其具有使用寿命长、重量轻和充电方便等优点，比常规电池具有得天独厚的优势。如果要使燃料电池能在"膝上型电脑"、移动电话和摄录影机等设备中应用，其工作温度、燃料的可用性以及快速激活将成为人们考虑的主要参数，目前大多数研究工作均集中在对低温质子交换膜燃料电池和直接甲醇燃料电池的改进。正如其名称所示，这些燃料电池以直接提供的甲醇-水混合物为基础工作，不需要预先重整。使用甲醇，直接甲醇燃料电池要比固体电池具有极大的优越性。其充电仅仅涉及重新添加液体燃料，不需要长时间地将电源插头插在外部的供电电源上。当前，这种燃料电池的缺点是用来在低温下生成氢所需的白金催化剂的成本比较昂贵，其电力密度较低。如果这两个问题能够解决，应该说没有什么问题能阻挡它们的广泛应用了。目前，美国正在试验以直接甲醇燃料电池为动力的移动电话，而德国则在实验以这种能源为动力的"膝上型电脑"。

（2）居民家庭的应用

对于固定应用而言，设计燃料电池的技术困难就简化得多了。尽管许多燃料电池能生产 50kW 的电能，但绝大部分商业化的燃料电池目前都是用于固定的使用对象。现在，许多迹象表明，燃料电池也可用于人们称作的居民应用（大都小于 50kW）电池。低温质子交换膜燃料电池或磷酸燃料电池几乎可以满足私人住户和小型企业的所有热电需求。目前，这些燃料电池还不能供小型的应用，美国、日本和德国仅有少量的家庭用质子交换膜燃料电池提供能源。质子交换膜燃料电池的能源密度比磷酸燃料电池大，然而后者的效率比前者高，且目前的生产成本也比前者便宜。这些燃料电池应该能够为单个私人住户或几家住户提供能源，通过设计可以满足居民对能源的所有要求，或者是他们的基本负载，高峰时的需求由电力网提供。为了有利于该技术的应用，可以用天然气销售网作为氢燃料源。当前，许多生产商预测在不久的将来便会出现其他燃料源，这有助于进一步降低排放，加速燃料电池进入新的理想市场。新近进入固定燃料电池市场的厂家是汽车大亨 General Motors，它于 2001 年 8 月成功地开发了一种产品。

（3）供暖家庭用电

氢能将来可以作为主要能源用于家庭用电及供暖。届时将出现清洁无污染的"氢城"。可以建立多座氢站并铺设管道，把氢气输送至居民家里。这些建筑设施内设有"燃料舱"，氢气与氧气在其中混合，可以发电并产生热水，用于家庭用电及供暖。在未来理想的氢社会，家庭极有可能不再单独购买电力，而是选择购买氢气，满足一家人的供暖和供电问题。

2.5　氢能在储能发电上的应用

氢能的一个重要应用就是氢储能发电，可以用来解决电网削峰填谷、新能源稳定并网问题，提高电力系统安全性、可靠性、灵活性，并大幅度降低碳排放，推进智能电网和节能减排、资源可持续发展战略。氢储能系统是通过将新能源发电（太阳能、风能、潮汐能等）产生的多余电量用来电解水制氢，并将氢气储存，在需要时通过燃料电池发电。氢能发电具备能源来源简单、丰富、存储时间长、转化效率高、几乎无污染排放等优点，是一种应用前景广阔的储能及发电形式。此外，还可以作为分布式电站和应急备用电源，应用于城市配电网、高端社区、示范园区、偏远地区、重要活动等场合。

在氢储能技术方面，欧洲的发展相对成熟，有完整的技术储备和设备制造能力，有专用于氢储能系统的制氢、储氢以及氢燃料电池设备，也有多个配合新能源接入使用的氢储能系统的示范项目。2011 年德国推进 P2G（Power to Gas）项目，提升可再生能源消纳能力；2013 年，法国科西嘉岛 MYRTE 项目建成了储能容量 200kW、3.5MW·h 的氢储能系统，提高光伏发电利用率，满足晚高峰用电需求；目前，意大利正在实施 INGRID 项目，计划配备 39MW·h 的氢储能系统。另外，美、日等国已相继建立了一些质子交换膜燃料电池电厂和磷酸燃料电池电厂、熔融碳酸盐燃料电池电厂作为示范。日本已开发了数种燃料电池发电装置供公共电力部门使用，已建成兆瓦级燃料电池示范电站进行试验，就其效率、可运行性和寿命进行了评估，期望应用于城市能源中心或热电联供系统。我国在 2012 年 1 月召开的"燃料电池与分布式发电系统关键技术"项目研讨会上，国家科技部表示要以此项目为牵引，加速氢能产业化步伐。该项目是 2011 年 863 能源领域启动的"十二五"主题项目之一，其目标是提高集成创新能力和形成战略产品原型及技术系统，探索新型燃料电池的系统集成技术，实现小规模独立发电系统的应用示范。2013 年 11 月，河北建投集团与德国迈克菲及欧洲安能公司就共同投资建设河北省首个风电制氢示范项目签署合作意向书，内容主要包括建设 10 万千瓦风电场、1 万千瓦电解制氢装置和氢能综合利用装置。此次拟引进的德国迈克菲公司的固态储氢及风电制氢技术可有效解决河北省现有运营风场低峰弃风等问题。

2.6　氢能开发存在的问题

氢是一种理想的新型能源。目前，虽然液氢已广泛用作航天动力的燃料，但氢能大规模的商业应用还面临着亟待解决的关键问题。

① 廉价的制氢技术。因为氢是一种二次能源，它的制取不但需要消耗大量的能量，而且目前制氢效率很低，因此大规模的廉价的制氢技术是氢能开发的关键问题之一。

② 安全可靠的储氢和输氢方法。由于氢的扩散能力强、易气化、着火、爆炸，因此如何妥善解决氢能的储存和运输问题也是开发氢能的关键问题。氢在一般条件下以气态形式存在，且易燃、易爆，这就为储存和运输带来了很大的困难。当氢作为一种燃料时，必然具有分散性和间歇性使用的特点，因此必须解决储存和运输问题。储氢和输氢技术要求能量密度大（包含单位体积和质量储存的

氢含量大）、能耗少、安全性高。

③ 当作为车载燃料使用（如燃料电池动力汽车）时，应符合车载状况所需要求。一般来说，汽车行驶 400km 需消耗汽油 24kg，而以氢气为燃料则只需要 8kg（内燃机，效率 25%）或 4kg（燃料电池，效率 50%～60%）。

④ 氢是最轻的元素，比液体燃料和其他气体燃料更容易从小孔中泄漏。例如，对于透过薄膜的扩散，氢气的扩散速度是天然气的 3.8 倍。与汽油、丙烷和天然气相比，氢气具有更大的浮力（快速上升）和更大的扩散性（横向移动）。氢的密度仅为空气的 7%，而天然气的密度是空气的 55%。所以即使在没有风或不通风的情况下，它们也会向上升，而且氢气会上升得更快一些。

⑤ 锰钢、镍钢以及其他高强度钢容易发生氢脆。这些钢长期暴露在氢气中，尤其是在高温高压下，其强度会大大降低，导致失效。因此，如果与氢接触的材料选择不当，就会导致氢的泄漏和燃料管道的失效。

氢具有燃烧热值高，其燃烧产物为水，不会带来环境污染。氢通过燃料电池把化学能直接转换为电能，氢的资源极其丰富，取之不尽、用之不竭，是最有希望成为 21 世纪人类所企求的清洁能源。但是要把期望变成现实，人们还要解决许多难题，制氢是基础，储氢和输氢是关键，燃料电池是核心，要真正实现氢的大量、廉价地制取，安全方便地储运，广泛地、经济地应用。

第3章
氢能储能发电现状

3.1 氢能储能发电介绍

氢储能，是近两年受德国等欧洲国家氢能综合利用后提出的新概念。氢是21世纪人类最理想的能源之一。制氢的原料是水，其燃烧的产物也是水，因此氢的原料用之不竭，也无环境污染问题。氢的单位重量热值高，比体积小，管道运输最经济。它的转化性也好，可以从火力发电以及核能、太阳能、风能、地热能、水能发电等转化而得。氢能发电作为一种清洁、高效的发电方法，是继火电、水电和核电之后的第四代发电方式，是电力能源领域的革命性成果。具有绿色环保、发电效率高、机械传动部件少、启动快、成本低等优点。容易实现小型分布式电力系统的普遍建置，来克服大型电力开发的不足，通过洁净能源的使用，来解决环保抗争问题；并借由分布式小型发电，减少电力传输损失及提供高质量、高可靠度的电力。随着氢气制备与安全储运技术的发展，其燃料来源将极为丰富，还可采用再生资源，因此氢能发电技术的研究与开发已在世界范围内引起人们的高度重视，在国家电网、工程电源、备用电源、便携电源、电动汽车、航空航天和军事装备领域等市场潜力巨大，前景十分广阔。世界各地都掀起了利用氢能源的浪潮。近期，美国、日本、英国和德国等发达国家都将氢储能作为电网新能源应用长期的重点发展方向进行战略规划，并加大了研发投入。

常见的氢能发电方法有：燃料电池、氢直接产生蒸汽发电、氢直接作为燃料发电。其中采用燃料电池发电效率最高。系统主要由风力发电机组或太阳能发电系统、电解水装置、储氢装置、燃料电池、电网等组成。图3-1为可再生能源发电系统示意图,从中可见,把太阳能、风能、地热等新能源发电多余的电量进行电解水制氢,将氢气储存,需要时通过燃料电池进行发电,具备能源来源简单、丰富、存储时间长、热机转换效率高、几乎无污染排放、并网稳定等优点,是一种具有非常广泛前景的储能及发电形式,可有效地解决新能源稳定并网问题,并大幅度降低碳排放。

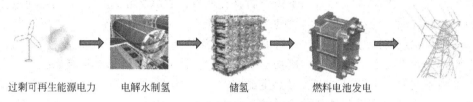

过剩可再生能源电力　　电解水制氢　　储氢　　燃料电池发电

图 3-1　可再生能源发电系统示意图

积极发展智能电网,推动清洁能源大规模利用,实现低碳经济以适应未来可持续发展的要求,已成为当今世界能源科技发展的最新动向。我国计划到 2020 年,全面建成统一的坚强智能电网。届时,依赖于储能技术的风力发电和光伏发电装机将突破 1.7 亿千瓦,其发电量预计超过 1 亿余吨标准煤发电量,相当于减排二氧化碳 2.67 亿吨。但风能、太阳能等可再生能源发电具有随机性和间歇性,会对电网产生冲击,大规模可再生能源发电并网困难已成为当前电网发展的瓶颈之一。因此,迫切需要发展大容量、高功率、长寿命、高安全和低成本的储能技术,实现电网系统的安全稳定,以及可再生能源的充分利用。氢储能是一种清洁、环保、高效的储能技术,可削峰填谷,有效地解决新能源稳定并网问题,并大幅度降低碳排放(图 3-2 为示意图)。

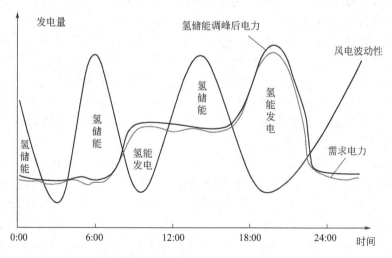

图 3-2　用氢能发电削峰填谷示意图

3.2　氢能发电前景分析

　　风能、太阳能等可再生能源发电具有随机性和间歇性，与大电网用电高峰不同步，在电网高峰或低谷时，不能及时补充调控，在并入电网时会引起电网电压的大幅度波动。为此，可能需要建造比风电场总容量大 2～3 倍的"调压控制电站"，来调控和抑制这种大量电能的波动，以解决风力发电输出电能不稳定问题。因此，迫切需要发展大容量、高功率、长寿命、高安全和低成本的储能技术，实现电网系统的安全稳定，以及可再生能源的充分利用。必须要建立一个高效的储能系统，下面将分析几种储能方式的可行性。

　　"抽水蓄能"，这是一个成熟的技术方案，但是受特定的条件限制，首先要有大量的水源，还要有合适的地形高差，才能够实现利用水流的落差能量进行调控发电，从而得到稳定的可控制的电能。另外，从规模上看也是差距太大，"刘家峡水电站"，十分巨大的水坝和 5 台水轮发电机组，其总发电量也就是 130 万千瓦，假设要将 1 千万千瓦的电能进行这样的抽水储能，那就要搞十个刘家峡水电站和储能水库，是现有刘家峡水电站的十倍规模的上、下水库和 10 倍的发电机组才能够满足需要，这是很难实现的。并且现在已经规划和建设中的三个国内最大的"千万千瓦级风电场"来说，都是在极度缺水的地区（2 个在内蒙古，1 个在甘肃酒泉），平坦的地形（风能资源好的地方都是平坦的地形、地貌），也没有落差高的地形环境，所以不能应用，能够使用"抽水储能"方式调控风电的方式不可能大规模地采用，只能够小规模地在特殊的有条件的地区才行。

　　使用铅酸电池肯定不行，没有这么大的功率容量，并且价格特别贵，大量地使用还有铅污染问题；镍氢电池与锂离子电池受限于这两种元素的数量限制（全球的储量也是不多的）和特别昂贵的价格的限制，也不能够采用；最近还有全钒氧化还原液流电池在研发中，但是多次还原过程中的离子膜污染问题也一直没有很好解决，要达到实用的程度还要相当长的时间，商业化的应用究竟会不会影响到环境还是未知数。其他的储能方式，如压缩空气储能、飞轮储能等都因为效率太低、容量太小，也是不能使用。

　　氢能源是一种最干净的、可以循环的、可大规模利用的能源方式。可以利用大规模的风电、太阳能电等进行大规模的电解水制氢，会得到大量的最干净的能源，能够实现大规模的能量储存，解决现在模式的风电并网难题并且不会对环境有任何影响。

　　氢气能源可以长时间储存、可以管道长距离输送，可以直接用来大规模发电，更可以提供给汽车、火车、飞机、轮船等移动的交通运输工具使用，氢气燃烧利用后除产生能量外，只产生水蒸气，冷凝后就是纯水，实在是最清洁、最环保的能源。地球上有70%的面积是水，作为一种能量的转换物质，是取之不尽、用之不竭的，风电在这里只是起到了一种能量的转换，将巨大的风能、太阳能等资源，通过风力/太阳能发电→电解海水→制氢制氧→氢气能源→发电、制热、炊事、取暖、交通工具使用等过程后又变成了水，这些水返回到大自然的水系统循环中为下一次的能量转换循环中再利用（图3-3）。我国应该是世界第一大产氢国，大概年产1000多万吨的氢气。全世界最大的一个制氢工厂就在我国的鄂尔多斯，是用煤来制氢的，一年能够生产18万吨氢气。还有，我们跟日本一样，是世界最大的储氢材料产品国。中国和日本两国几乎包了全世界金属储氢材料的生产；而且我们的销售量比日本还大。

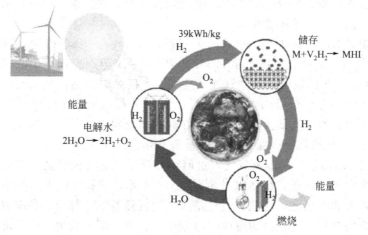

图3-3　氢循环路线图

氢能发电的经济效益分析：

氢气燃烧热值很高，除核燃料外，氢的发热值是所有化石燃料、化工燃料和生物燃料中最高的，为142351kJ/kg（32352大卡/千克），是汽油发热值的3倍。氢气的密度小，纯氢的密度仅为空气的1/14，为0.0899g/L。

1m³（合1000L）氢气重89.9g，热值为12797.355kJ（2956大卡）。

1kg水电解后不但可以得到1/9kg的氢气，并且还可以得到8/9kg的氧气和0.3/10kg的固体物。

拿千万千瓦级风电场来说，假设是满发，1小时就是1千万度电，按2.5度电能产生1m³氢气计算，就可以得到4×10^6m³氢气。1m³氢气的热值是2956大卡，标煤的热值是7000大卡，大约2.4m³氢气的热值相当于1千克标煤的热值，拿4×10^6除2.4得1666666.6千克标煤（我国是按煤当量"标煤"计算热值的），相当于1600吨标煤的热值能量，按市场上的优质煤炭热值一般是5500

大卡计算，相当于 2100t 优质煤炭的能量，也就是说"千万千瓦级的风电场"1 小时所发出的电力进行风电制氢模式，就能够产生 2000t 优质煤炭（按煤当量计算）的热值能量，1 天 24 小时就能够产生相当于 48000t 优质煤炭热值能量的氢气能量，就算是只有 50％的效率，每天也有 2 万吨优质煤炭热值的氢气能量，一年就是 720 万吨优质煤炭能量（2 万吨乘以 365 天）。

这些氢能源是能够储存的，既可以直接提供给发电厂发电（燃气轮机方式，省去产生蒸汽的环节最好），产生的电力在电网高峰需要时大量地并入电网（这是高质量的特别平稳、可调、可控的电流，是电网十分欢迎的高质量电能），得到良好的经济效益，又可以在电网低谷时脱离电网，将氢气给大量的使用氢能源的汽车、火车、飞机、轮船等移动交通工具加氢气能源，立马就变成实实在在的真金白银收入，或者是通过管道方式输送到大城市，提供给千千万万的家庭炊事使用，这种模式就是氢能源模式。

电解制氢的同时除去产生单项的氢气外，还有 8/9 的氧气产生（纯氧），每产生 1m³ 氢气，同时就可以产生 0.45m³ 氧气，在产生 4×10^6 m³ 氢气的同时还产生 1.6×10^6 m³ 的氧气，这些氧气也是可以直接卖的商品，大量的机械加工企业的钢铁切割和有色金属的焊接就需要大量的氧气，其他在医疗卫生、化工还原、污水处理方面都需要大量的氧气，在高效"燃料电池"工作时也需要大量的氧气，按 2016 年市场上一瓶氧气（容量 6～8m³）15～20 元），1.6×10^6 m³ 氧气，每瓶装 8m³ 就是 20 万瓶氧气，价值 400 万元，这仅仅是这个风电场 1 小时电解水产生的氧气效益，1 天 24 小时就是 9600 万元的氧气收入，一年仅凭氧气就可以收入近 300 亿元，这些收益也是风电制氢效益的一部分。在电解水时还可以回收大量的热能，这是因为电解的过程中，会有一部分能量变成热能，这些热量可以通过热交换器置换出来，既提高了电解的效率，又得到数量很大的热能，冬季可以取暖、供鱼池加温等，夏季可以为洗浴提供热能等，用途是十分广泛的，总之也是一种很有价值的能源，也是风电制氢、制氧同时的副产品，有实在的经济效益。

电解水制氢的过程中也是对水的浓缩过程，拿海水来说，其含盐量是 3％，1 千克海水中含盐 30g，每小时制氢 4×10^6 m³ 时需要消耗海水约 4×10^6 千克，合 4000t 海水，每吨海水中含盐 300 千克，就算是只提炼出来一半，也是 150 千克，4000t 乘以 150 千克等于 60 万公斤＝600t（1 小时的产量），这又是一种伴随着制氢过程中产生的副产品，都是利用风电产生的，有实际价值的产品。

从上述分析可以认为，氢能发电不仅产出巨大，而且可以大幅度地降低风力发电机的制造成本，提供和产出多种有直接经济效益的产品，达到了大量减少二氧化碳的目的，具有很好的经济效益和环保效益。

3.3　氢能储能及发电研究与示范性项目

日本已建立万千瓦级燃料电池发电站，美国有 30 多家厂商在开发燃料电池。德、英、法、荷、丹、意和奥地利等国也有 20 多家公司投入了燃料电池的研究，这种新型的发电方式已引起世界的关注。2012 年，美国氢能发电占比为 7.9%，比例次于火力发电、水力发电和核电，但高于风能发电。德国计划 2030 年把可再生能源在总发电量中所占的比例提高到 50%。丹麦提出了 2050 年之前摆脱化石燃料的目标，可再生能源的比例与德国一样，计划 2035 年之前提高到 50%。近年来，美国、日本、欧盟都制定了氢能发展规划，投入大量经费支持氢能开发和应用示范活动。全球都掀起了利用氢能源的浪潮。世界很多国家都在氢能发电方面投入了大量的人力、物力和财力，以期早日实现氢能的广泛使用。例如：2002 年，美国提出氢能路线图。2003 年 1 月，由 15 个国家和欧盟组成的国际氢能经济合作组织成立。2004 年，美国能源部公布了《氢能技术研究、开发与示范行动计划》，将在 2040 年基本实现向氢能经济转变。德国、英国、欧盟、日本等国也制订了类似计划。近几年，美国、日本、英国、意大利、阿联酋相继开始建设较大规模的氢能发电示范站。日经 BP 清洁技术研究所 2015 年 10 月 24 日发行的报告《世界氢基础设施项目总览》显示，全球氢基础设施的市场规模到 2050 年将达到约 160 万亿日元（图 3-4）。各国的市场规模将显著增长（图 3-5），中国的市场规模到 2050 年将达到约 30 万亿日元，欧洲也将达到同等规模，而日本将会达到 12 万亿日元。其中氢电站的市场规模将逐年显著增长。日经 BP 清洁技术研究所对未来 2050 年全球的氢能发电在各国总发电量中所占比例进行了预测（图 3-6 和图 3-7），各国包括家用燃料电池、商用燃料电池、氢能发电站以及燃料电池车等在内的氢能电力呈稳步增长，至 2050 年，全球平均氢能发电量占总发电量的 8%～9%，基本与风力发电和太阳能发电的总量持平。而日本的氢能发电量则占总发电量的 78%，成为最主要的发电方式，是利用氢能发电最多的国家。欧洲和北美则仅随日本之后，氢能发电量则占总发电量的 51% 和 42%，与风力发电并行成为国内最主要的发电方式。而中国也会成为氢能发电的国家之一，其所占比例将会达到 20%。如美国和韩国启动的"燃料电池发电站"。这种发电站将作为分散电源向当地供电，以降低二氧化碳排放量。将来，如果能使用通过可再生能源的电力电解水生成的"可再生氢"，就会实现二氧化碳零排放。此外，还有企业计划在南非尚未通电的地区设置大型固定式燃料电池。通过构筑微电网，从燃料电池发电站向当地供电。如果该项目能取得成功，还会将其扩大到整个非洲市场。

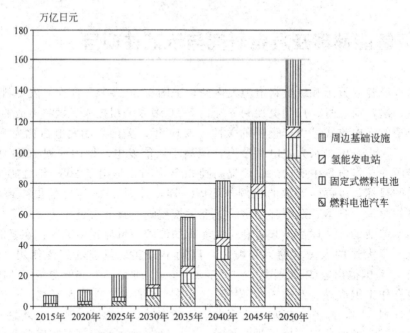

万亿日元

图例：
- 周边基础设施
- 氢能发电站
- 固定式燃料电池
- 燃料电池汽车

图 3-4　日经 BP 清洁技术研究所对全球未来氢基础设施的市场规模的预测

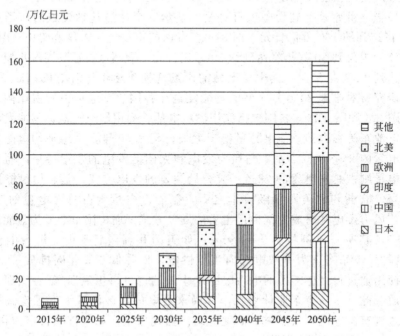

万亿日元

图例：
- 其他
- 北美
- 欧洲
- 印度
- 中国
- 日本

图 3-5　日经 BP 清洁技术研究所对各国未来氢基础设施的市场规模的预测

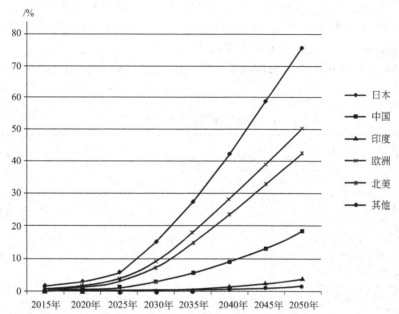

图 3-6　日经 BP 清洁技术研究所对未来 2050 年全球的氢能
发电在各国总发电量中所占比例的预测

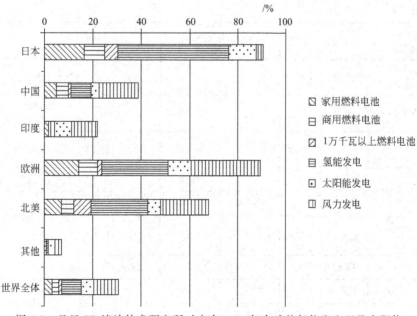

图 3-7　日经 BP 清洁技术研究所对未来 2050 年全球的氢能发电以及太阳能
发电和风力发电在各国总发电量中所占比例的预测

在已经在建和正在计划中的氢能发电建设方面，世界很多国家都投入了大量的人力、物力和财力，美国、欧洲和日本走在了世界的前列，包括韩国、阿联酋、加拿大等国在内已经相继开始建设或已经建成较大规模的氢能发电示范站。表 3-1 列举了一些国际上的氢能储能发电示范项目。各示范性项目采用的储氢方式如表 3-2 所示。

表 3-1　各国氢能储能发电示范项目

项目名称	国家	建成年代	风力发电机组	电解水制氢	氢产率	储氢容量	燃料电池
Hychico	阿根廷	2008	6.3MW	2×325kW	120Nm³/h		
The Hydrogen Assisted Renewable Power Project (HARP)	加拿大			320kW	60Nm³/h	2×10⁷ Pa	100kW
Ramea Island	加拿大	2004	6×65kW		90Nm³/h	2×10⁷ Pa	62.5kW
Prince Edward Island Wind Hydrogen Village	加拿大		44MW	300kW		2×10⁷ Pa	
University of Quebec	加拿大	2001	10kW	5kW			5kW
Fachhochschule Stralsund	德国	1990s	100kW	20kW		2.5×10⁶ Pa	
ENERTRAG	德国			600kW	120Nm³/h	3×1.350kg 4.2×10⁶ Pa	
Hydrogen-Oxygen-Project	德国	2003	60kW	10Nm³/h	2.8×10⁷ Pa	6.5kW	
HyWindBalance	德国			5kW			1.2kW
RES2H2	希腊	2007	500kW	25kW	5Nm³/h	40Nm³	
ENEA wind-hydrogen	意大利	2001	10Nm³/h	10Nm³/h			
Utsira	挪威	2004	2×600kW	48kW	10Nm³/h	2400Nm³	10kW
Hidrólica	西班牙			41kW		2×10⁷ Pa	12kW
ITHER	西班牙		80225 and 330kW		10Nm³/h	100kWh	

项目名称	国家	建成年代	风力发电机组	电解水制氢	氢产率	储氢容量	燃料电池
RES2H2	西班牙	2007	225kW	55kW		$2.5×10^6$Pa	six5kW PEM fuel cells
Sotavento	西班牙				$60Nm^3/h$	$2×10^7$Pa	
HARI	英国	2001	$2×25$kW	36kW	$8Nm^3/h$	$2856Nm^3$	2kW 和 5kW
PURE Project	英国	2001~2011	$2×15$kW	15kW	$3.55Nm^3/h$	$44Nm^3$	5kW PEM
NREL	美国	2006	100kW	100kW		$2.4×10^7$Pa	

表 3-2　各国氢能发电项目储氢方式总览

储氢方式	项目名称	国家	储氢材料	储氢容量
金属氢化物储氢	RES2H2	希腊	AB_5 型 $La_{0.75}Ce_{0.25}Ni_5$	$40Nm^3$
	ITHER	西班牙	Mg 基	
		日本	AB5	$3×32Nm^3$
	Fusina	意大利	Mg 基	
	柏林勃兰登堡机场	德国	Mg 基	100kg
高压储氢	HARP	加拿大	—	$2×10^7$Pa
	Ramea Island	加拿大	—	$2×10^7$Pa
	Prince Edward Island Wind Hydrogen Village	加拿大	—	$2×10^7$Pa
	University of Quebec	加拿大	—	
	Fachhochschule Stralsund	德国	—	$2.5×10^6$Pa, $200Nm^3$
	ENERTRAG	德国	—	$3×1.350$kg $4.2×10^6$Pa
	Hydrogen-Oxygen-Project	德国	—	$2.8×10^7$Pa
	Utsira	挪威	—	$2400Nm^3$
	Hidrólica	西班牙	—	$2×10^7$Pa

储氢方式	项目名称	国家	储氢材料	储氢容量
高压储氢	RES2H2	西班牙	—	2.5×10^6 Pa
	Sotavento	西班牙	—	2×10^7 Pa
	HARI	英国	—	2856Nm^3
	PURE Project	英国	—	44Nm^3
	NREL	美国	—	氢压：2.4×10^7 Pa

3.3.1 美国

美国一直重视氢能。2003 年，布什政府投资 17 亿美元，启动氢燃料开发计划，该计划提出了氢能工业化生产技术、氢能存储技术、氢能应用等重点开发项目。2004 年，美国建立了第一座氢气站，2005 年底，加利福尼亚州的一个固定制氢发电装置"家庭能量站第三代"开始试用。这个装置用天然气制造氢气维持燃料电池。第三代比第二代的重量轻了 30%，发电量却提高了 25%，同时氢气的制造和储存能力提高了 50%。

2006 年美国 BP 公司与埃迪逊国际公司组成一个合资企业在加州建设一座价值 10 亿美元的氢发电厂。这座电厂在美国史无前例，它使用氢气流带动涡轮机发电 50 万千瓦，足以为南加州 32.5 万个家庭提供电力。该电厂允许 BP 公司扩大在加州的油田生产量。作为电力生产过程的一部分，BP 将控制二氧化碳排放，把二氧化碳注入废弃地下油矿。BP 称今年它将完成工程和商业研究，2008 年做投资决定，2011 年投运。

1997 年，Sandia 国家实验室 Vosen 等设计了一套太阳能-电解水制氢-金属氢化物储氢-燃料电池体系（图 3-8），得到了每个设备的成分、效率和寿命等情况，如表 3-3 所示。

表 3-3　太阳能-电解水制氢-金属氢化物储氢-燃料电池体系的效率、成本和寿命

组件	效率/%	成本	寿命/年
太阳能电池	14	2500 \$/kW · h	20
燃料电池	47	2500 \$/kW · h	5
电解槽	74	1900 \$/kW · h	5
金属氢化物	100	4 \$/kW · h	10
功率调制系统	92	1000 \$/kW · h	10
电池	90	200 \$/kW · h	4

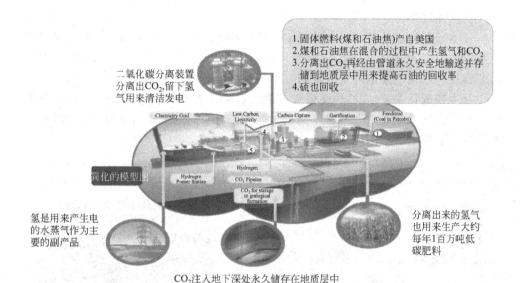

图 3-8　太阳能-电解水制氢-金属氢化物储氢-燃料电池体系示意图

图中标注文字：

二氧化碳分离装置分离出CO₂,留下氢气用来清洁发电

1.固体燃料(煤和石油焦)产自美国
2.煤和石油焦在混合的过程中产生氢气和CO₂
3.分离出CO₂再经由管道永久安全地输送并存储到地质层中用来提高石油的回收率
4.硫也回收

氢是用来产生电的水蒸气作为主要的副产品

分离出来的氢气也用来生产大约每年1百万吨低碳肥料

CO₂注入地下深处永久储存在地质层中

3.3.2　日本

日本研究氢能比较早,目前燃料电池是日本氢能的主要发展方向。日本政府为促进氢能实用化和普及,进一步完善了汽车燃料供给制,全国各地建造了不少"加氢站",近百辆燃料电池车已经取得牌照上路,计划到 2030 年,发展到 1500 万辆。迄今,日本燃料电池的技术开发以及氢的制造、运输、储藏技术已基本成熟。日本市场氢的导入比例较高,燃料电池和氢发电加在一起来算,氢在发电中所占的比例一直保持在全球首位,但市场规模不如欧美大。氢气发电主要问题包括高燃料成本及能否稳定调度,由于丰田汽车等各国大公司相继投入氢燃料电池汽车量产研究,预估 2020 年以后将在发达国家市场普及,到时氢气大量生产,氢燃料价格将降至目前的三分之一,氢气发电成本也可与煤炭或瓦斯发电相抗衡,预测至 2030 年世界氢气发电设备市场可达 2 兆日元。

2014 年,隶属于日本政府的新能源及产业技术综合开发机构（NEDO）发布了日本第一份《氢能源白皮书》,提出未来日本将用氢能来实现电厂发电,以氢为燃气轮机燃料的氢发电技术有望成为家用燃料电池和燃料电池车之后的第三大支柱,进而成为一个"氢能社会"。据报道称,日本政府希望到 2030 年可实现电厂氢能发电,而 NEDO 也将联同发电厂讨论产生一个详尽的有关电厂实现氢能发电的路线图。NEDO 专家认为,氢能最终可为日本提供约 10% 的电力,但要实现这个目标也会面临一系列困难,如生产氢气的高成本、新设施如储罐和运输设备的建设等。

日本福岛核事故后，日本关闭了一些核发电厂，因此对石油、天然气等石化燃料的依赖愈发增大，目前日本 80% 的石油和 30% 的天然气进口自中东地区，而若实现电厂氢能发电，毫无疑问可降低对进口能源的依赖度。

日本在进行 We-NET 系统研究。意大利最大的电力公司 ENEL 和 GE 进行氢气专烧燃气轮机（16MW 级）的开发，2009 年氢能发电开始运转，如图 3-9 所示为氢能发电示意图。

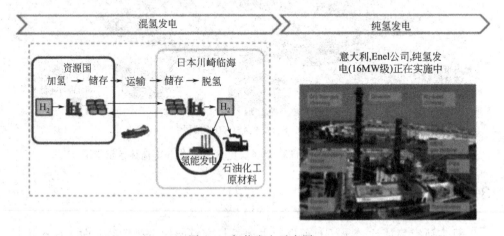

图 3-9　氢能发电示意图

其他氢能项目在日本的实施情况：

（1）福岛可再生能源研究所的设立

产综研响应日本政府指定的关于"东日本大地震的复兴方针"，以"使福岛成为再生能源的先兴之地"为目标，设立了福岛可再生能源研究所。该研究所拟建设"可再生能源网络"，旨在充分发挥风能、太阳能、氢能等清洁能源的优势，推行可再生能源的普遍化。该研究所也和日本的主要国立大学的研究室合作。其中的氢能部门的目标是，设计开发能够大量储存电力的体系。

（2）尼桑：大型镍氢电池转换与存储电力

委托川崎重工制作所生产的大型镍氢电池可以存储 102kW·h 电力。目的在于转换与储存煤炭发电、太阳能发电的剩余电力。已经开始性能测试。

（3）东芝：固体氧化物燃料电池

东芝公司是日本推行燃料电池转化与储存剩余电力的主力。东芝公司倡导的是用高分子固体氧化物电解电池，电解水制氢，再通过反过程的固体氧化物燃料电池生电。

（4）依托岩谷工业建设的敬老院"爱香苑"发电构想（图 3-10）

该项目 2013 年试行，使用电解水制氢装置（2Nm³/h），氢气储存罐（20m³），燃料电池（高分子固体燃料电池，5kW）等设备，将剩余电力转换为氢气，需要时，通过燃料电池将氢气转换为电力使用。

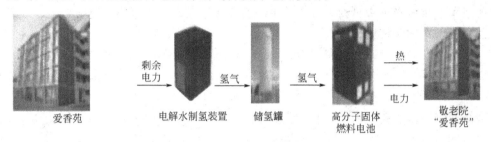

图 3-10 "爱香苑"氢能发电构想

（5）降低氢气发电成本以便普及

根据日本经济新闻 2014 年 2 月 16 日报道，日本川崎重工宣布将于 2017 年生产氢气发电设备，并预测就长期来看，氢气发电成本将降至与天然气火力发电相当，且自 2020 年以后开始普及。

（6）制造实用化氢气发电设备

川崎重工计划制造世界首部实用化氢气发电设备，预计在其兵库县明石工厂量产 7000kW 级中小机型，大约可供应 2000 户家庭用点，售价设定较瓦斯涡轮机高 1～2 成。

（7）解决太阳能的剩余电力

在日本，随着光伏发电等的大量导入，在春季和秋季的假日等电力需求较低的时期，会有大量的剩余电力流入系统电网，这个问题越来越严重。为解决这个问题，开始探讨利用氢基础设施相关事宜。

（8）测试风电驱动氢能供应链

日本的大企业和公共部门于 2015 年 9 月 8 日宣布合作建立一个可再生风能驱动的碳中和氢能源供应链，该项目试验场地在临近横滨和川崎的京滨沿海地区。在该项目中，风力发电用于制取氢气和氧气，氢气储存于本地。该项目包括：一个通过风电电解水制氢系统，一个系统来优化氢气储存罐运输。该项目于2016年4月正式实施。

（9）引入氢能为城区供电

日本的大林组和川崎重工业将在2018年用氢作为燃料为神户市部分地区供电，这是世界上首次引入氢能为城区供电。该项目投资额预计约20亿日元。在日本政府提供补助的情况下，按照与目前相差无几的电价向区域内的酒店和会场等供电。供电量可满足约1万人上班的商务区用电，氢的年使用量相当于2万辆燃料电池车的年使用量。

图3-11为日本构想的未来氢能发电综合利用示意图。

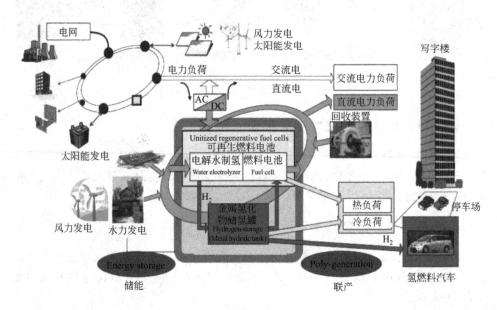

图3-11　日本氢能发电综合利用示意图

3.3.3　欧盟

欧盟也加紧对氢能的开发利用。在2002～2006年欧盟第六个框架研究计划中，对氢能和燃料电池研究的投资为2500万～3000万欧元。北欧五国最近成立了"北欧能源研究机构"，通过生物制氢系统分析，提高生产生物氢能力。欧盟此举旨在把燃料电池和氢能源技术发展成为能源领域的一项战略高新技术，使欧盟在燃料电池和氢能源技术方面处于世界领先地位，欧盟将力争在2020年前建立一个燃料电池和氢能源的庞大市场。

在欧洲，风力发电和光伏发电等输出变动较大的可再生能源的比例越来越高，如何利用剩余电力成为课题。比如在德国，剩余电力就无法定价出售，所以构筑采用剩余电力的新业务模式颇为重要。于是，欧洲陆续启动了利用剩余电力电解水生成氢，然后以多种形式利用氢的实证试验。

3.3.4 挪威

挪威于 2004 年在西海岸修建了新型的氢能发电厂（图 3-12）。该发电厂位于尤兹拉岛，面积 $5km^2$，距挪威西海岸 20km，居住 250 名居民。其供电系统示意图如图 3-13 所示，把风力发电机产生的剩余电能用于分解海水，通过电解水产生氢气后储存在一个储氢容器里，再注入燃料电池里，一旦没有风或者风力过小不能发电时，使用氢气来发电供人们使用。该岛从而实现了能源的自给自足。

图 3-12　挪威 Utsira 岛氢能供电系统

表 3-4 为挪威 Utsira 岛氢能供电系统设备的主要参数。可以看到，主要设备为 600kW 风涡轮机、5kW·h 的储能飞轮、功率为 48kW 的电解水制氢系统、48kW 的气体压缩装置、储氢容量为 $2400m^3$ 的储氢系统和 10kW 燃料电池系统供电。共计投资 225 万欧元（表 3-5），占总共项目费用的 4/5。

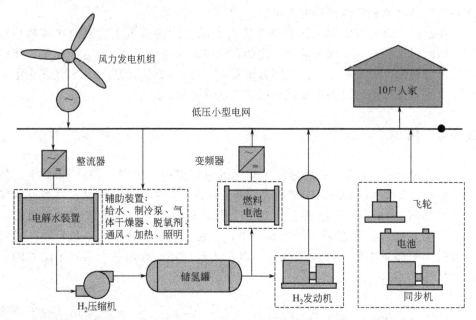

图 3-13　挪威 Utsira 岛氢能供电系统示意图

表 3-4　挪威 Utsira 岛氢能供电系统设备的技术参数

关键部件	数　据	制造商
风力涡轮机	600kW	Enercon
电池	35kW·h	Enercon
飞轮	5kW·h,200kW$_{max}$	Enercon
同步电机	100kV·A	Enercon
电解水	10Nm³/h,48kW	Hydro Electrolyser
压缩机	11Nm³/h,5.5kW	Andreas Hofer
储氢单元	12m³ 200bar=2400Nm³	Martin Larsson
氢气发电机组	55kW	Continental
燃料电池	10kW	IRD

表 3-5　挪威 Utsira 岛氢能供电系统设备的投资额

部件	寿命/年	总投资	运行维修费用占总费用比例/%
风力涡轮机	20	800€/kW	1.5
电解水装置	20	2000€/kW	2.0
压缩机	12	5000€/kW	1.5
氢气机	10	1000€/kW	2.0
燃料电池	10	2500€/kW	2.0
储氢	20	4500€/kW	2.5

在 Utsira 岛氢能供电系统设备中，储氢罐采用瑞士 Martin Larsson 公司提供的高压储氢罐（图 3-14）。储氢容量为 2400Nm³，理论上能够提供全部居民需要的 7.2MW·h 的储能，但实际上仅能产生 5.1MW·h 的储能。

图 3-14　氢气的运输

3.3.5　丹麦

丹麦提出了 2050 年之前摆脱化石燃料的目标，目前，以风力发电和生物质发电为中心，该国的可再生能源在供电中所占的比例已经达到约 30％。另外，最近几年还迅速导入了光伏发电。现在，容易受天气影响的风力发电和光伏发电在系统电力中所占的比例提高到了 20％左右。丹麦政府计划确立 2035 年之前把风力发电等输出变动较大的可再生能源在供电中所占的比例提高到 50％。那么，怎样才能储存这些输出变动较大的能源是丹麦人长期以来的困扰。而氢能的开发，正是解决这一大难题的最佳选择，通过利用多余的风能将水电解为氧气和氢气，就可以使风能以氢能的形式得到保存，遇到风能不足时，氢能电池便能大显身手。

洛兰岛氢项目

盛行风力发电的洛兰岛于 2007 年 5 月已经启动了氢项目验证实验，实验基地位于洛兰岛最大的城市纳克斯考以南 5 km 远的 Vestenskov 地区。利用氢作为储藏风力发电剩余电力的介质。具体做法就是，利用风力发电和太阳能发电的剩余电力电解水制造氢，然后将氢储藏在氢气罐中（图 3-15）。反之，当电力供应不足时，则利用储藏的氢让燃料电池发电，使用电力和废热。生成的氢还会导入住宅中，通过住宅内的燃料电池发电，提供电力和热。

(a) 水电解装置   (b) 储氢罐

图 3-15　通过电解水制造和储藏氢

在从 2008 年开始的第二阶段，在普通住宅的 5 户家庭里设置了冰箱大小的燃料电池系统实际进行使用。采用额定输出功率为 1.5kW 的固体高分子型燃料电池（PEFC）。

从 2011 年开始的第三阶段，设置燃料电池系统的住宅数量增加到了 35 户，其中约一半家庭为改良型燃料电池系统。开发该燃料电池的是丹麦的风险企业 IRD Fuel Cells。系统价格目前为 10.9 万克朗。

3.3.6　法国

法国科西嘉岛 2012 年启动了"MYRTE（Mission Hydrogene Renouvelable pour l'inTegration au reseau Electrique：以并网为目的的可再生氢任务）"项目，将光伏发电和储氢技术组合起来，使光伏发电的电力变动平均化，从而顺利并入电网。图 3-16 为法国位于科西嘉岛的光伏发电和氢能发电试验站。

MYRTE 项目共设置了 560kW 的太阳能电池板，利用并网的剩余电力，以 50kW 的电解装置将水分解成氢气和氧气，分别储存在储气罐中（图 3-17、图 3-18）。系统与 15000V 的电网联动，在需要电力时，向 100kW 的 PEFC 高分子固体电解质型系统提供氢和氧来发电。电解和燃料电池发电时的废热作为温水回收，储藏在温水罐中。

3.3.7　希腊

在希腊建立的 RES2H2 项目（图 3-19）受国家 Excellency 项目的支持，并

图 3-16　法国科西嘉岛的光伏发电和氢能发电试验站

图 3-17　输出功率为 560kW 的太阳能电池板

图 3-18　储氢罐和储氧罐

且也与国家可再生能源项目相结合。旨在增大风力发电的能力，优化风能发电以及从商业角度改善风力产氢的技术性和经济性。

希腊的 RES2H2 项目为了研究氢的生成和储存于风能相结合。该系统包括一个 25kW 的电解水装置、6 个 3.6kg 氢容量的金属氢化物储氢罐和一个氢气压缩器，所有装置配给一个 500kW 的风力涡轮，流程图见图 3-20。电解水装置为先进的碱性电解系统，在 2×10^6 Pa 压力下每小时产氢 0.45kg。随后被压缩至 2.2×10^7 Pa，伴随了 10% 的能量损耗。氢随之被储存在金属氢化物储氢罐（60m³）中，不仅供应氢燃料汽车，而且也用来供给一个 7.5kW 的质子交换膜燃料电池，PEM 用来在风速小的时候输送发电系统。

图 3-19 希腊的 RES2H2 项目

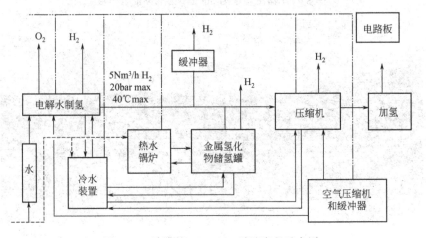

图 3-20 希腊的 RES2H2 项目流程示意图

储氢罐由弗雷德里克理工学院设计，Labtech SA 公司制造，具体的技术参数如表 3-6 所示。采用的储氢材料为 AB_5 型 $La_{0.75}Ce_{0.25}Ni_5$ 合金，材料本身储氢容量为 1.28%（质量），而储氢罐整天的储氢容量则为 0.66%（质量）。

表 3-6   金属氢化物储氢罐的技术参数

储氢罐数量	6
每个储氢罐的高/外径	1400mm/186mm
壁厚	2mm
储氢罐体积/整个体积	0.038m³/0.228m³
不同部位选用的材料	
填充合金的内管	不锈钢(SS 316L)
冷却管	不锈钢(SS 304)
内衬	不锈钢(SS 316)
阀门	黄铜
储氢合金	$La_{0.75}Ce_{0.25}Ni_5$
每个罐的合金的质量/6 个罐合金的质量	48kg/288kg
空罐重量/6 个罐的质量	46kg/276kg
每个罐的总质量/6 个罐的总质量	94kg/564kg
罐体盖子的质量	82kg
盖子尺寸(长×宽×高)	1900mm×700mm×500mm
每个罐额定储氢量/6 个罐额定储氢量	7m³(0.623kg)/42m³(3.738kg)H_2
每个罐最大储氢量/6 个罐最大储氢量	8m³(0.712kg)/48m³(4.272kg)H_2
合金的最大吸氢量	0.168m³H_2/kg 合金
合金的质量储氢容量	1.28%(质量)(合金)
整个罐体的质量储氢容量	0.66%(质量)(MHT)
氢化物形成焓(14bar)	28kJ/mol(MHT)
操作温度	50~60℃
设计温度	75℃
工作压力	$1.9×10^6$ Pa
设计压力	$3×10^6$ Pa
额定充氢流量	5Nm³/hH_2(0.445kg)at $1.9×10^6$ Pa
额定放氢流量	5Nm³/hH_2(0.445kg)at $1.4×10^6$ Pa
额定流量下的热消耗	6250kJ/h(1.74kW)

3.3.8 西班牙

（1）RES2H2 项目

受国家 Excellency 项目支持的 RES2H2 计划同样在西班牙建立了实验基地，图 3-21 为 RES2H2 计划俯瞰图。但不同于希腊的是，储氢罐采用的是高压储氢的方式。罐体材料采用的是不锈钢，具体技术参数如表 3-7 所示。

图 3-21 西班牙建立的 RES2H2 计划俯瞰图

表 3-7 储氢罐的技术参数

技术参数：储氢罐	
几何容积	20m³
工作压力	2.5×10^6 Pa
氢储存体积	500Nm³
测试压力	3.58×10^6 Pa
工作温度	−10/60℃
真空下重量	7450kg
来自电解池气体的平均流速	11Nm³/h
尺寸	直径 2.0m，高 7.1m
材料	P355NL1/NH 型钢

（2）ITHER 项目

该项目采用一个 OVONICS 公司生产的容量为 90g 的金属氢化物储氢罐和三个 LABTECH 公司生产的容量为 $7Nm^3$ 的金属氢化物储氢罐（图 3-22）。每个罐能储 $100kW \cdot h$ 的能量。共计能够储 $400N \cdot m^3$ 的氢气储氢罐中的氢气用来供应两个 $1.2kW$ 的燃料电池。

图 3-22　电解装置和储氢罐

3.3.9　英国

（1）HARI 项目

HARI 是第一个可再生能源综合利用研究项目，在英国的 West Beacon Farm（WBF），Leicestershire 已经成功安装运行。该系统由一个 $34kW$ 的电解装置、气体压缩装置、48 个氢压为 $1.37 \times 10^7 Pa$ 的高压储氢罐和两个功率分别为 $2kW$ 和 $5kW$ 的燃料电池组成，流程图如图 3-23 所示。投资约 60 万英镑。其所有装置的具体技术参数以及投资价格如表 3-8 所示。

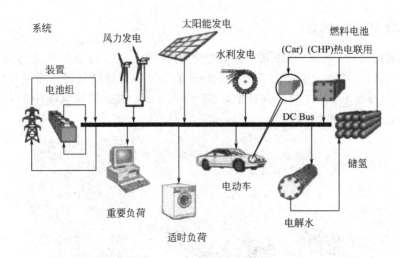

图 3-23 HARI 项目流程图

表 3-8 HARI 项目具体技术参数以及投资情况

子系统	供应商/型号	相关参数	成本（英镑）
电解池	Hydrogenics（前身为 Vandenborre）	$8Nm^3/h\ H_2$，$34kW$，$2.5MPa$（$2.5 \times 10^6\ Pa$）	143000
燃料电池（1）	CHP Unit	$2kW(el)$，$2kW(th)$，$24V_{DC}$	25000
燃料电池（2）	SiGen Ltd	$5kW(el)$，$48V_{DC}$	20000
氢气压缩装置	BOC	$11Nm^3/h$，$3.75kW$，$8:1$ 压缩比	59000
储氢系统	BOC	48 个罐，每只罐 $0.475m^3$，最大压力：$13.7MPa$（$1.37 \times 10^7\ Pa$），氢气容量 $2856Nm^3$	122000
风力发电机组	Carter Wind Tuibines	$2 \times 25kW$	50000
太阳能发电	BP	$13kW$	60000
水电	Dulas	850W 双击式水轮机 2.2kW 斜击式水轮机	67000
系统集成	Loughborough University	不定	49000

　　该项目的储氢装置采用的是由 BOC 提供的 48 个高压储氢罐，如图 3-24 所示。每个储氢罐长 3.7m，直径 0.475m，壁厚为 38mm，重约 1t。最大承受压力为 $1.37 \times 10^7\ Pa$，48 个储氢罐整体储氢容量为 $2856m^3$。这样的氢气量可供给燃料电池发电 3.8MWh，能够维持 3 个星期的供电量。针对储氢系统，有报道称

对于此体系，金属氢化物储氢罐将是非常有吸引力的，但在那时金属氢化物储氢罐技术还不成熟，商业上还没有得到实际应用。

图 3-24　HARI 项目的高压储氢罐

（2）谢德兰群岛项目

氢能在自给式可再生能源系统中获得重要应用，如利用风能/太阳能＋电解制氢＋燃料电池系统提供海岛山区等偏远地区的电能源。如图 3-25 所示，英国北部 Shetland（谢德兰）群岛 Unst 岛，650 户居民，居民支出的 20％用于取暖和交通的能源。

3.3.10　意大利

世界上首座氢能源发电站 Fusina 项目于 2010 年 12 日在意大利正式建成投产。这座电站位于水城威尼斯附近的福西纳镇（图 3-26）。据报道，意大利国家电力公司投资 5000 万欧元建成这座清洁能源发电站，该发电站功率为 16 兆瓦，年发电量可达 6000 万千瓦小时，可满足 2 万户家庭的用电量，一年可减少相当于 6 万吨的二氧化碳排放量。该电站 7 万吨燃料来自于威尼斯及附近城市的垃圾分类回收。

图 3-25　英国 Shetland 群岛 Unst 岛氢能发电系统

图 3-26　福西纳氢能发电站全景图

福西纳氢能发电厂的设备有以下几种。

（1）碱性电解制氢装置

在 $3 \times 10^6 Pa$ 的压力下每小时产生 $10m^3$ 的氢气，如图 3-27 所示。

（2）ENEL 和 ERSE 制造的 Mg 基金属氢化物储氢罐

如图 3-28 所示，将镁的氢化物粉装在 24 根 55cm 长的管子里，整个系统含镁的氢化物粉 1500g 能储存 90g 的氢。吸放氢反应通过由传热流体控制氢化物的温度以实现热交换过程。热流体的温度大约在 $320\sim360°C$ 范围内，流体管路位于制件外侧。吸氢过程大约需要 1h，最大氢气流速为 15NL/min，而放氢过程则需要 2h，最大氢气流速则仅为 2NL/min。

图 3-27 碱性电解制氢装置

图 3-28 Mg 基金属氢化物储氢罐

3.3.11 德国

德国的风氢电项目和其他储能项目如热能储存、分布式电池储能系统和分级储能等一直受到德国政府专项资金支持，相关储能技术将由德国多家科研机构以及德国五所高等院校跨学科合作完成。德国政府希望在 2050 年之前国家的 80％电力来自可再生能源，因此高效率、高容量的能源储存方式将是实现该目标的关键，风电制氢就是其大力发展的项目中之一。下面是氢能发电相关项目在德国的实施情况。

（1）ENERTRAG（英奈特拉克）综合发电厂

德国东北部勃兰登堡州普伦茨劳市的 ENERTRAG（英奈特拉克）综合发电厂，是德国首座风能、氢能、生物质能和太阳能混合能源发电厂，是实现可再生能源利用转化即 RES 风力发电制氢路线的典型示范厂，全景见图 3-29。风力发电设备投资 2100 万欧元，制氢部分的直接投入超过 400 万欧元，另外还有 300 万欧元的研发费用。总共可生产 6MW 的电力。

图 3-29　ENERTRAG 综合发电厂全景图

如图 3-30 所示，是 ENERTRAG 综合发电厂的工作原理。该发电厂利用附近啤酒厂的生产废料制取生物沼气。同时利用风能生产的电力一部分直接并入电网；生产的电力一部分用来电解水生产氢气，并通过储氢装置存储起来，以备风力不足时作为补充能源。当风力发电机受天气影响无法满负荷运转时，用储存的氢气和生物质气体作为燃料，通过两台热电装置供应补充电能。存储的氢不仅可以直接生产电，还可以作为机动车燃料，供应附近计划中的氢燃料供应站。由于勃兰登堡州的普伦茨劳地区拥有较丰富的太阳能，这座混合可再生能源电厂在设计中还增加了太阳能发电装置，使电厂生产和并网的电能更加稳定。每个热电联产装置每年能够产生约 2.776MW·h 的电力和 2.250MW·h 的热能，该厂正在计划将产出的热量并入普伦茨劳市政热电站，此部分热量可满足 80 户家庭的供暖需求。ENERTRAG 综合发电厂的储氢装置采用的是高压储氢罐，见图 3-31。该发电厂的技术参数为：

3台风力发电机，输出功率为2MW；

500kW碱式电解槽，氢气产量为120m³/h，纯度为99.997％，系统压力为15～20mbar；

5个高压储氢罐每个储氢为1350kg。

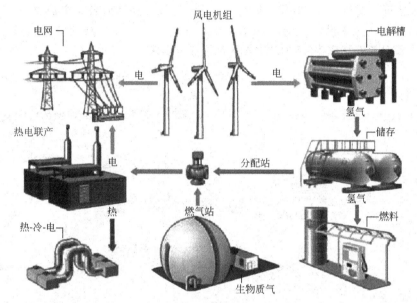

图 3-30　ENERTRAG 综合制氢发电厂流程示意图

图 3-31　氢气储存罐

（2）柏林勃兰登堡机场项目

柏林新勃兰登堡国际机场（BBI）将建造世界首个公共碳平衡加氢站（示意

图见图 3-32）。通过在机场附近建设一个风车农场，为加氢站自身提供零排放的风电供应，并为汽车提供氢燃料，其减少的 CO_2 排放量相当于站内传统燃料间接排放的 CO_2 量。该项目是柏林机场，ENERTRAG 和 TOTAL（道达尔）公司合作建设的，共投资 1000 万欧元，加氢站将和机场一起在 2011 年 10 月开放并投入运行。提供 $3.5 \times 10^7 Pa$ 和 $7 \times 10^7 Pa$ 的氢气加注服务。电解槽由 ENER-TRAG 待建的风车供电，制取气态氢气。这确保氢气以一种完全可持续的方式制取，实现了氢气作为一种燃料来应用的基本需求。

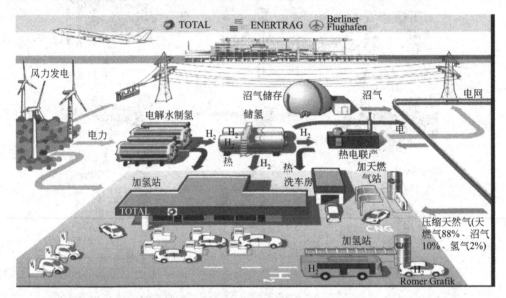

图 3-32　柏林新勃兰登堡国际机场（BBI）建造的加氢站示意图

如表 3-9 所示，该项目的设备主要包括：40 台 1.8～2.3MW 的风力涡轮机、500kW 的碱性电解装置和金属氢化物储氢罐。金属氢化物储氢罐采用 Mg 基储氢合金。

表 3-9　柏林新勃兰登堡国际机场项目主要设备的技术参数

设备	装置	技术参数	供应商或制造商
风力涡轮机	—	40 台 1.8～2.3MW	ENERTRAG
电解系统	碱性电解池	500kW	ENERTRAG
储氢罐	金属氢化物储氢罐	100kg	Mcphy

北莱茵-威斯特法伦州于 2010 年建成了第一座风氢电站，主要利用氢和燃料电池独立地生产供应氢气作为洁净的可再生能源使用，以利于将来能源的可持续利用。电站共计投资 390 万美元，该电站有望实现 15 年寿命。将电解水产生的氢气储存，首先使用 linde 公司的压缩机将氢气由 $5～10 \times 10^5 Pa$ 压缩至 $50 \times$

10^5Pa，提供 30Nm³/h 的氢气流量，然后将氢气储存在 Vako GmbH 公司提供的高压储氢罐中，该高压储氢罐高 22m，最大容量为 115m³（50×10^5Pa）。

德国 E. ON 和 Greenpeace Energy 等能源公司利用风力发电的剩余电力电解水生成氢，然后提供给现有的燃气管道网络。在利用剩余电力的同时，通过在城市燃气中添加氢，预计可削减硫氧化物（SO_x）和氮氧化物（NO_x）等有害物质的排放。

德国 Solar Fuel 公司建设了利用光伏发电和风力发电的剩余电力、水及大气中的CO_2，通过甲烷化反应制造甲烷的工厂，已经开始推进验证实验（图 3-33）。2009 年运行了利用可再生能源的 25kW 试制品，以 40％的效率成功制造了甲烷。

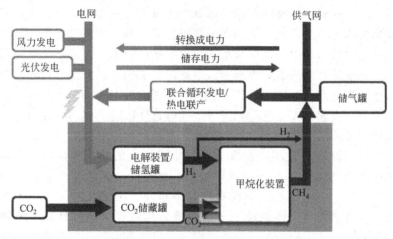

图 3-33　利用可再生能源合成甲烷

3.3.12　韩国

2008 年，韩国浦项钢铁公司（Posco）在庆州北道迎日海湾沿岸工业园区建设的世界规模最大的发电用燃料电池工厂，该工厂发电用燃料电池的年生产总量为 50MW，可满足约 1.7 万户普通家庭的用电。其规模超出目前拥有世界上最大生产能力的美国燃料电池能源公司 1 倍。发电用燃料电池采用氢和大气中的氧产生化学反应进行发电，其发电效率为 45％，高于普通火力发电效率（35％），二氧化碳减排效果也优于普通火力发电。

3.3.13　中国 (未含中国台湾)

中国在 2012 年 1 月召开的"燃料电池与分布式发电系统关键技术"项目研

讨会上，国家科技部表示要以此项目为牵引，加速氢能产业化步伐。该项目是 2011 年 863 能源领域启动的"十二五"主题项目之一，其目标是提高集成创新能力和形成战略产品原型及技术系统，探索新型燃料电池的系统集成技术，实现小规模独立发电系统的应用示范。"十二五"以前没有立项，支持项目也是以制氢、发电、储氢等过程单独资助的，但"十三五"期间该概念已经列入国家电网公司规划。氢储能技术被认为是智能电网和可再生能源发电规模化发展的重要支撑，并日趋成为多个国家能源科技创新和产业支持的焦点。

中国在积极推动"风能/太阳能＋电解制氢＋燃料电池"的电力系统，2012 年 8 月，中国移动结合风能、太阳能、氢能的电力自给式绿色通讯基站在河北廊坊投入运行，并计划今后几年在南海区域大力推广这一能源解决方案。绿色基站的能源体系把风能和太阳能作为主要的能源供应。风和太阳都不是 24h 都有的能源，所以通过比较超量电的供应再想利用电解水的技术，把多余的电使用到基站以后，多余的电进行电解水，电解水以后就产生了氢气，再把氢气存下来，然后通过燃料电池再返回到基站里面进行使用。据悉，中国移动 2011 年一年总共耗电 130 亿度，电费大概 110 亿元人民币。实施这样的绿色基站解决方案，对于中国移动来说，是节能减排的一个重要突破。

中国风能资源总储量为 32 亿千瓦，技术可开发的装机容量约 2.53 亿千瓦。目前，风电产业规模为 2627 万千瓦，根据新制定的《新能源产业振兴和发展规划》，到 2020 年，中国风电产业规划将有望超过一亿千瓦。从 2009～2020 年，风电产业年复合增长率仍将超过 10%。风能资源主要分布在新疆、内蒙古等北部地区和东部至南部沿海地带及岛屿。把风力发电和电解水制氢联合起来，为风电发展开辟崭新的道路，可以实现风力发电较为平稳的输出、提高风力发电在电网中的比例、制取真正环保的绿色氢能源。目前不能大规模应用的主要原因是：电解水装置及相关设备（燃料电池、储氢罐等）成本高、风力发电的成本高、缺乏相关政策支持等。但随着技术和社会发展的进步，必将实现技术经济皆可行，并在未来能源世界中扮演重要角色。

参 考 文 献

[1] Amraa Shanzbaatar. Comparing Hydrogen Storage Methods for Efficient Hydrogen Power Backup Systems，H Bank Technology Inc.

[2] Zuttel，A.，Borgschulte，A.，Schlapbach，L.，Eds.. Reproduced with Permission of Hydrogen as a Future Energy Carrier. Germany，2008.

[3] Ram B. Gupta. Hydrogen fuel：production，transport and storage [M]. Boca Raton London New York，CRC press，2009.

[4]　郑尔历. 风电制氢一：率先创新氢能源时代. 中国氢能源网，http：//www. china-hydro-gen. org/observation/2010-03-01/48. html.

[5]　Haarrison K W, Martin G D, Rmsden T G, et al.. The wind-to-hydrogen project：operational experience, performance testing, and systems integration [R]. Washington DC, USA：National Renewable Energy Laboratory, 2009.

[6]　National Renewable Energy Laboratory, Wind-to-hydrogen project. http：//www. nrel. gov/hydro gen/proj _ wind _ hydrogen. html.

[7]　日経 BP 清洁技术研究所. 世界氢基础设施项目总览 [M]，日本：BP 社，2013.

[8]　美国国家能源部. DOE：state of the states：fuel cell in America [R]. 美国，2013.

[9]　Steven R. Vosen. A Design Tool for the Optimization of Stand-alone Electric Power Systems with Combined Hydrogen-Battery Energy Storage. Sandia Report, Sandia National Laboratories, California, 1997.

[10]　産業技術総合研究所（AIST）. 定置用水素エネルギーシステムの開発. 九州大学，2012, 1, 20.

[11]　新エネルギー・産業技術総合開発機構，NEDO 水素エネルギー白書 [R]. 日本：東京，2014.

[12]　岩谷産業株式会社，水素エネルギーハンドブック [R]. 2014，http：//www. iwatani. co. jp/jpn/h2/pdf/hydrogen _ handbook. pdf.

[13]　新関西国際空港株式会社 広報グループ. 新関西国際空港（株）による国家戦略特区への提案について，2013，9，11.

[14]　Øystein Ulleberg, Torgeir Nakken. Arnaud Ete The wind/hydrogen demonstration system at Utsira in Norway：Evaluation of system performance using operational data and updated hydrogen energy system modeling tools. Int J. Hydrogen Energy [J]，2010，35，1841.

[15]　John Paul Handrigan. Hydro：From Utsira to Future Energy Solutions. Memorial university of newfoundland- marine institute，2013.

[16]　Glockner R，Kloed C，Nyhammer F，Ulleberg Ø. Wind/Hydrogen Systems for Remote Areas - a Norwegian Case Study [C]. Proc. Of WHEC 2002- 14th World Hydrogen Energy Conference，Montreal，9-14 Jun. 2002.

[17]　Søren Jacobsen. 10kWe PEM Fuel cell generator for the Utsira project. Final project report，2006.

[18]　Torgeir Nakken, Erik Frantzen, Elisabet F. Hagen, Hilde Strøm. Utsira - demonstrating the renewable hydrogen society [C]，WHEC 2006- 16th World Hydrogen Energy Conference，Lyon France 1-10，June 2006.

[19]　Arnaud Eté, Øystein Ulleberg. The Utsira wind/hydrogen demonstration system Norway：analysis and optimisation using system modelling tools. EWEC 2009-European Wind Energy Conference and Exhibition，Marseille，France，16-19，March，2009.

[20]　http：//finance. people. com. cn/n/2014/0226/c348883-24466088. html.

[21]　http：//finance. people. com. cn/n/2014/0609/c348883-25125365. html.

[22] Keratea, Greece & Pozo Izquierdo. RES2H2 Project, IPHE (International Partnership for Hydrogen and Fuel Cells in the Economy) Renewable Hydrogen Report [C], Spain, March, 2011.

[23] Varkaraki E., Zoulias E., Stamatakis E.. Operational experience from the RES2H2 wind-hydrogen plant in Greece. 17th World Hydrogen Energy Conference, Brisbane, Australia, 15- 19, June, 2008.

[24] Elli Varkaraki. Cluster Pilot Project for the Integration of RES into European Energy Sectors using Hydrogen [C], 2007 Final technical report.

[25] Elli Varkaraki. IEA/HIA Case study on the wind-hydrogen plant of RES2H2 in Greece [C], http://iea-hia-task30. net/Annex18-Public/SelectedCaseStudies/RES2H2 _ Greece _ CaseStudy. pdf.

[26] Dr. Luis Correa Uson, Ismael Aso Aguarta Leire Romero Elu. Green Hydrogen from Wind and Solar: Design, Construction and one year operation of the ITHER Project, Aragon Hydrogen Foundation 17th World Hydrogen Energy Conference, Brisbane, June, 2008.

[27] Rupert Gammon, Amitava Roy, John Barton, Matthew Little. Hydrogen and renewables integration (HARI). CREST (Centre for Renewable Energy Systems Technology), Loughborough University, UK. March, 2006.

[28] K. W. Harrison, R. Remick, G. D. Martin. Hydrogen Production: Fundamentals and Case Study Summaries. http://www. nrel. gov/hydrogen/pdfs/47302. pdf.

[29] Gerd Harms. Grid integration of renewarble energy sources and H_2 storage. 2012 3rd IEEE PES ISGT Europe, Berlin, Germany, October 14 -17, 2012.

[30] Rupert Gammon, Amitava Roy, John Barton, Matthew Little. A field application experience of integrating hydrogen technology with wind power in a remote island location. J. Power Sources [J], 2006, 157, 841-847.

[31] Cristina Guardamagna, Andrea Cavallari, Veronica Malvaldi, Silvia Soricetti, Alberto Pontarollo. Innovative Systems for Hydrogen Storage. Advances in Science and Technology [J] , 2010, 72, 176-181 .

[32] http://servizi. enel. it/eWCM/salastampa/comunicati _ eng/1634798-2 _ PDF-1. pdf.

[33] https://en. wikipedia. org/wiki/Fusina _ hydrogen _ power _ station.

[34] http://www. alternative-energy-news. info/first-hydrogen-power-plant-in-italy/.

[35] M. Balestri, G. Benelli, F. Donatini, F. Arlati, G. Conti. Enel's Fusina hydrogen-fed power generation plant, International Conference on Clean Electrical Power, [J], 2007, 456-463.

[36] 世界动向篇之德国. www. china-nengyuan. com/news/58826. html.

第4章

氢能储能发电技术实施

4.1 氢气的储存技术

目前所采用或正在研究的主要储氢技术是高压气态储氢、低温液态储氢以及固态储氢，如表4-1所示。其中固态储氢技术具有储氢量大、可逆性好、高效安全等优势，是最有前途的储氢方式之一。但目前储氢材料的研究大多是以电动汽车为主要应用方向开展的。衡量一种氢气储存技术好坏的依据有储氢成本、储氢密度和安全性等几个方面，对于电网氢储能用储氢材料有着不同于电动汽车的要求，上述指标显得更为重要。下面将详细介绍各种储氢方式的优缺点。

表 4-1 高压、液态和固态储氢方式比较

储氢罐				
分类	普通高压储氢罐	超高压储氢罐	液态储氢罐	固态储氢罐
体积储氢密度 (kg/L)	8.9E-5	8.9E-5	0.07	MgH_2：1.44 TiH_2：3.8 $LaNi_5H_{6.7}$：8.49 $TiFeH_{1.98}$：5.17

质量储氢密度/%(质量)	100	100	100	MgH_2：7.66 TiH_2：4.04 $LaNi_5H_{6.7}$：1.58 $TiFeH_{1.98}$：1.84
优点	充填和排放速率快,比液化储氢经济		单位体积储存量大	单位体积储氢量大,循环寿命长,纯度高,安全
缺点	体积储氢能力低,能耗大,存在安全隐患		耗能很大,易发生泄漏,不能长期存储,成本高,存在安全隐患	质量储氢量小,需要热传递介质

4.1.1 高压储氢

高压储氢是目前较常用的一种储氢技术,是通过提高储存压力来达到增加氢气储存密度的目的。其储氢压力一般为 20～35MPa,近年来,70MPa 储氢已经进入示范使用阶段。普通高压气态储氢是一种应用广泛、简便易行的储氢方式,而且成本低,充放气速度快,且在常温下就可以进行。日本选择 70MPa 高压氢作为主要的流通方式,有着技术和产业的双重原因。技术方面,日本有先进的碳纤维技术,车用气瓶采用铝合金内胆外加碳纤维缠绕的方式,安全性有保障。产业方面,本田、丰田和日产主导了氢燃料电池汽车的相关标准,受他们影响进入产业链需要遵循这一标准。

目前高压储氢存在的问题有:（1）高压储氢的体积储氢密度较低,35MPa 的高压储氢密度为 22.9g/L,而 70MPa 的高压储氢密度为 39.6g/L。随着压力的增高,储氢增加的速度会越来越慢,仅靠单纯提高储氢压力,难以满足美国能源部（DOE）提出的要求;（2）要消耗较大的氢气压缩功,从能量效率的角度,气态储氢要消耗较大压缩功,将常压氢气压缩到 70MPa,即使采用多级压缩、级间冷却技术其所需要的最小压缩功耗仍要达到 10161kJ/kg,压缩过程的强化传热技术则是降低压缩功耗的关键;（3）需要厚重的耐压容器,传统钢制压力容器重量大,金属强度有限,为提高工作压力,容器非常厚重。随着碳纤维复合材料压力容器的出现,高压储氢容器的轻量化已经得到了明显的改善;（4）存在氢气易泄漏和容器爆破等不安全因素。

目前,主要的高压储氢的运输方式主要是采取将氢气加压,然后装在高压容器中,用牵引卡车或船舶进行较长距离的输送。在技术上,这种运输方法已经相当成熟。我国常用的高压管式拖车一般装8根高压储气管。其中高压储气管直径0.6m，长11m，工作压力20MPa，工作温度为 −40～60℃ 单只钢瓶水容积为2.25m³，重量2730kg。连同附件，这种车总重26030kg，装氢气285kg，输送氢气的效率只有1.1%。可见，由于常规的高压储氢容器的本身重量很重，而氢气的密度又很小，所以装运的氢气重量只占总运输重量的1%～2%左右。它只适用于将制氢厂的氢气输送到距离不太远而同时需用氢气量不很大的用户。按照每月运送氢 252000m³，距离 130km 计，目前氢的运送成本约为 0.22 元/m³。

对于大量、长距离的氢气输送，可以考虑用管道。氢气的长距离管道输送已有 60 余年的历史。最早的长距离氢气输送管道 1938 年在德国鲁尔建成，其总长达 208km，输氢管直径在 0.15～0.30m 之间，额定的输氢压力约为 2.5MPa，连接 18 个生产厂和用户，从未发生任何事故。欧洲大约有 1500 千米输氢管。世界最长的输氢管道建在法国和比利时之间，长约 400 千米。目前使用的输氢管线一般为钢管，运行压力为 1～2MPa，直径 0.25～0.30m。经过管道输送氢是最有效的长距离输送方法，值得一提的是输送过程中的氢损失问题。有报道认为管道输送过程中的氢损失率是同样距离输电过程能量损失率（约 7.5%～8%）的一倍。而美国普林斯顿大学的奥格登（Ogden）等人提出，通过氢气管网进行长距离能量输送的成本比通过输电线送电的成本要低得多。以美国为例，我们来比较氢气管道和天然气管道。管线长度美国现有氢气管道720km，而天然气管道却有 208 万千米，两者相差将近 1 万倍管道造价，美国氢气管道的造价为31 万～94 万美元每千米，而天然气管道的造价仅为 12.5 万～50 万美元每千米，氢气管道的造价是天然气管道造价的 2 倍多；输气成本：由于气体在管道中输送能量的大小，取决于输送气体的体积和流速。氢气在管道中的流速大约是天然气的 2.8 倍，但是同体积氢气的能量密度仅为天然气的 1/3。因此用同一管道输送相同能量的氢气和天然气，用于压送氢气的泵站压缩机功率要比压送天然气的压缩机功率大得多，导致氢气的输送成本比天然气输送成本高。能否利用现存天然气管道输送氢气呢？如果能，则对氢能的发展大有好处。实际上现有的天然气管道就可用于输送氢气和天然气的混合气体，也可经过改造输送纯氢气，这主要取决于钢管材质中的含碳量，低碳钢更适合输送纯氢。

4.1.2　液态储氢

常压下，液氢的溶点为 20K、气化潜热为 921kJ/kmol。常温、常压下液氢的密度为气态氢的 845 倍，液氢储存的体积能量密度比高压储氢高好几倍。液氢的热值高，每千克热值为汽油的 3 倍。因此，液氢储存特别适宜储存空间有限的运载场合，如航天飞机用的火箭发动机、汽车发动机和洲际飞行运输工具等。液氢储存的质量最小，储箱体积也比高压压缩储氢小得多。因而，若仅从质量和体积上考虑，液化储存是一种极为理想的储氢方式。

液化储存面临两大技术难点：一是氢液化能耗大，理论上液化 1kg 氢气约需耗电 4kW·h，占 1kg 氢气自身能量的 10%，而工程实际中约为此值的 3 倍，即氢液化耗费的能量占氢气热值的 30%；二是液氢储存容器的绝热问题，由于储槽内液氢与环境温差大，为控制槽内液氢蒸发损失和确保储槽的安全（抗冻、承压），对储槽及其绝热材料的选材和储槽的设计均有很高的要求。美国国家航空航天局（NASA）的"航天发射系统"（SLS）新一代重型火箭芯级的首个液氢燃料罐在路易斯安纳州米丘德装配厂制造完成。这个燃料罐为铝合金，大约 6.7m 高，重约 4 吨。液氢储存的经济性与储量的大小密切相关：储氢量较大时，液氢储存成本较高。对于储存容积较小的小型储存器（<100L），一般采用真空超级绝热或外加液氮保护屏的真空超级绝热，蒸发损失大约为 0.4%（质量）/天。而对于真空粉末绝热的大型储槽而言，其蒸发损失为（1~2）%（质量）/天。

与其他低温液体储存时相似，为提高液氢储存的安全性和经济性，减少储存容器内蒸发损失，需提高储存容器的绝热性能和选用优质轻材，对储存容器进行优化设计，这是低温液体储存面临的共同问题。

当液氢生产厂离用户较远时，可以把液氢装在专用低温绝热槽罐内，放在卡车、机车、船舶或者飞机上运输。这是一种既能满足较大输氢量又比较快速、经济的运氢方法。液氢槽车是关键设备，常用水平放置的圆筒形低温绝热槽罐。汽车用液氢储罐储存液氢的容量可达 100m³，铁路用特殊大容量的槽车甚至可运输 120~200m³ 的液氢。据文献报道，俄罗斯的液氢储罐容量从 25~1437m³ 不等。其中 25m³ 的液氢储罐自重约 19t，可储液氢 1.75t，储氢重量百分比为 9.2%，储罐每天蒸发损失为 1.2%；1437m³ 的液氢储罐自重约 360t，可储液氢 100.59t，储氢重量百分比为 27.9%，储罐每天蒸发损失为 0.13%。可见液氢储存密度和损失率与储氢罐的容积有较大的关系，大储氢罐的储氢效果要比小储氢罐好。液氢可用船运输，这和运输液化天然气（LNG）相似，不过需要更好的绝热材料，使液氢在长距离运输过程中保持液态。美国宇航局（NASA）还建造了输送液氢的大型专用驳船。驳船上装载有容量很大的液氢储存容器。这种驳船可以通过海路把液氢从路易斯安那州运送到佛罗里达州的肯尼迪空间发射中心。驳船上低温绝热罐的液氢储存容量可达 1000m³ 左右。显然，这种大容量的液氢海上运输要比陆上的铁路或高速公路运输更经济，同时也更安全。日本、德国、加拿大都有类似的报道。1990 年，德国材料研究所宣布，液氢和液化石油气（LPG）、液化天然气（LNG）一样安全，并允许向德国港口运输液氢。陆运要优于海运，因为液氢的重量轻，有利减少运费，而运输时间短液氢挥发也少。在特别的场合，液氢也可用专门的液氢管道输送，由于液氢是一种低温（−253℃）的液体，其储存的容器及输送液氢的管道都需有高度的绝热性能。即便如此，还会有一定的冷量损耗，所以管道容器的绝热结构就比较复杂。液氢管道一般只适用于短距离输送。

4.1.3 固态储氢

固态储氢是近些年备受关注的一种储氢技术，是通过化学反应或物理吸附将氢气储存于固态材料中，能量密度高且安全性好，被认为是最有发展前景的一种氢气储存方式。常有两种储氢方式：一种是通过氢化学吸附形成化合物，包括典型的金属氢化物和相关化合物；另一种是进行可逆吸附分子氢，储氢介质主要采用高度多孔固体材料，包括多种碳材料（活性炭、碳纳米管、多孔碳等）和非碳固体纳米材料（例如无机纳米管、纳米线）。以活性炭、碳纤维、碳纳米管为代表的碳基储氢材料，依靠异常大的比表面积通过物理吸附储氢，吸放氢平衡压较低，"滞后"现象不明显，但是只能在超低温下才能大量吸放氢，室温下的吸放氢性能不理想。固态储氢技术主要有以下特点。

（1）固态储氢技术储氢工作压力不高，安全性强，使用寿命长。

首先，固态储氢技术的氢气储存压力在 2.5MPa 以内，远低于普通高压钢瓶的 15MPa 和碳纤维复合瓶的 35～70MPa。由于储存和使用的压力很低，相对于高压气瓶，固态储氢的氢气泄漏风险大大降低。其次，固态储氢技术储存的氢气以金属氢化物的形式存在，储氢容器内只用氢气和固体颗粒，没有任何溶液或腐蚀性物质，长期储存不会发生自腐蚀、自放氢和容量衰减现象。由于容器内氢气压力低，大大降低了器壁氢脆风险，因此，在不遭受外界破坏和严重的环境侵蚀时，可长期放置。

此外，储氢合金具有优良的循环使用性能。目前，部分实用的储氢材料在循环吸放氢 5000 次后，其储氢容量仍可达初始容量的 80% 以上。如以每年 200 次吸放氢循环计算，则材料的使用寿命可达 25 年。

（2）固态储氢技术放氢纯度高、有利于提高燃料电池的工作效率和使用寿命。

燃料电池工作时，膜催化剂对杂质气体如 NH_3、NO_2、CO_2、CO 等非常敏感，微量的杂质气体即可导致催化剂部分或全部中毒而失去活性，从而缩短电池的使用寿命。目前，使用寿命短是制约燃料电池大规模应用的一个重要因素。由于储氢材料可吸附上述杂质气体，实现对 H_2 的纯化，因此，对固态储氢系统充入普通纯氢，便可释放出纯度达 6N（99.9999%）的超高纯氢，从而大大降低燃料电池膜催化剂的中毒风险，提高燃料电池的使用期限。

（3）固态储氢技术放氢吸热，有利于燃料电池工作的散热，提高整个系统的能量效率。

目前，燃料电池正常工作时的发电效率约为 50%，其余能量基本转化为热能。以 2kW 燃料电池为例，其在额定功率下工作，每分钟的发热量为 120kJ，耗氢量约为 30L/min，即 1.34mol 的 H_2，实用的储氢合金放氢需要吸收的热量约为 27～40kJ/mol H_2，即每分钟的吸热量为 36～54kJ，储氢合金可以吸收掉燃料电池工作热量的 30%～45%，所以通过合理的一体化结构设计，燃料电池电源工作释放的热量可确保储氢系统的正常工作，而储氢系统吸收的热量可大大缓解燃料电池的散热负担，使系统的整体能量利用效率得到提升。

（4）固态储氢技术系统体积小，对氢的储存密度大，结构紧凑。

固态储氢模块的体积储氢密度可达 50kg H_2/m^3，是标况下 H_2 体积密度的 560 倍，是普通高压氧气钢瓶 4 倍以上，与超高压碳纤维复合瓶相比是 2 倍以上。

（5）固态储氢技术再充氢压力低，充氢方便。

固态储氢系统在室温下的充氢压力一般不高于 3MPa，可方便地实现在线充氢，操作简便、安全。

从现有的情况看，气态压缩氢技术由于体积庞大和高要求的加注技术应用价值不大；液态储氢存在液态蒸发的问题，且储存温度低，能耗大，安全性能差，不适合车载和燃料电池的使用；固态储氢单位体积储氢量大，占地面积小，可以根据需要进行稳定的吸放氢，安全性能好，适用于车载、燃料电池、移动供氢等的氢源，是最有发展前景的一种氢气储存方式。

4.2 储氢材料

储氢材料具有在特定条件下吸附和释放氢气的能力。在实际应用中，由于要经常补充氢燃料，所以我们要求材料对氢的吸附要有良好的可逆性。衡量储氢材料的主要性能的指标有理论储氢容量、实际可逆储氢容量、循环利用次数、补充燃料所需时间以及对杂质（空气中和材料中）的不敏感程度等。目前研究的储氢材料主要有两大类，一类是基于化学键结合的化学储氢方式的储氢合金、金属配位氢化物、化学氢化物等；另一类是基于物理吸附的储氢材料，由于氢气通常与储氢材料以范德华力相结合，因此具有吸放氢速率快，循环性能好等优点，但由于结合力较弱，吸放热较小，需要在较低的温度下如液氮温度下使用。典型代表材料有金属有机框架材料（MOF）、碳质及石墨烯材料等。图 4-1 总结了不同储氢材料的储氢性能。可以看到，依然难以满足美国能源部制定的目标（如表 4-2 所示，实现 2015 年质量密度为 9%，体积密度为 81kg H_2/m^3，系统工作温度为 $-20\sim100$℃）。为此，国内外展开了大量的研究。根据 SCI 发表的相关储氢材料种类的数量（图 4-2）判断，在碳质材料、Mg 基储氢合金、金属有机框架材料等方面研究得较多，分别占总数的 37%、26% 及 14%。

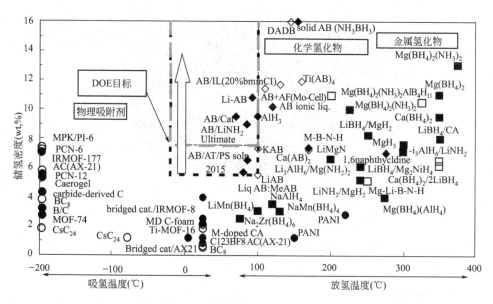

图 4-1 不同储氢材料的储氢性能

表 4-2 美国能源部关于车载燃料电池储氢技术的发展目标

目　　　　标	2007 年	2010 年	2015 年
比能/MJ·kg^{-1}	—	7.2	10.8
重量容量/%（质量）	4.5	6	9
体积容量（以 H_2 计）/（kg H_2·m^{-3}）	36	45	81
能量密度/MJ·L^{-1}	—	5.4	9.72
储存损耗（以 H_2 计）/（\$·kg^{-1} H_2）	200	133	67
系统损耗/\$·kg^{-1} 系统	—	6	3
工作温度/℃	$-20/50$	$-30/50$	$-40/60$
最小/最大排气温度/℃	$-30/85$	$-40/85$	$-40/85$

目　　标	2007 年	2010 年	2015 年
循环寿命(吸放氢循环)	500	1000	1500
流速(全马力)/g·s^{-1}	3	4	5
输送压力/bar	2.5	2.5	2.5
瞬态响应/s	30	15	15
更换燃料速率(以 H$_2$ 计)/kg H$_2$·min^{-1}	0.5	1.5	2.0

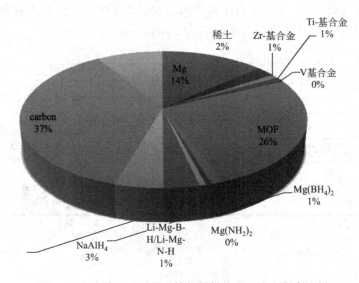

图 4-2　发表关于不同类型储氢材料的 SCI 论文所占比例

4.2.1　储氢合金

所谓储氢合金，顾名思义就是可以储存氢气的合金；氢是化学周期表内最小最活泼的元素，不同的金属元素与氢之间有着不同的亲和力，将与氢之间有强亲和力的 A 金属元素与另一与氢之间有弱亲和力的 B 金属元素，依一定比例熔合成 A$_x$B$_y$ 合金，若 A$_x$B$_y$ 合金内 A 原子与 B 原子排列得非常规则，而介于 A 原子与 B 原子间之空隙亦排列得很规则，则这些空隙很容易让氢原子进出，当氢原子进入后形成 A$_x$B$_y$H$_z$ 的三元合金也就是 A$_x$B$_y$ 的氢化物，此 A$_x$B$_y$ 合金（主要包括 AB、A$_2$B、AB$_2$、AB$_3$、AB$_5$、A$_2$B$_7$）称为储氢合金。

储氢合金产生吸氢/放氢之化学反应（可逆反应）的过程时，亦伴随着放热/吸热的热反应（为可逆反应），同时也产生充电/放电的电化学反应（为可逆反应）；具有实用价值的储氢合金应该具有储氢量大、容易活化、吸氢/放氢之化学反应速率快、长使用寿命及成本低廉等特性；目前常见的储氢合金主要为稀土系、钛系、铁系与镁系等四种（一些储氢合金照片如图 4-3 所示），其性能比较如表 4-3 所示。可以看到其中前三种的氢气储存密度小于 2%（质量），而镁系合金（例如 Mg_2Ni、Mg-Ni 等）可以高达 6%（质量）以上。

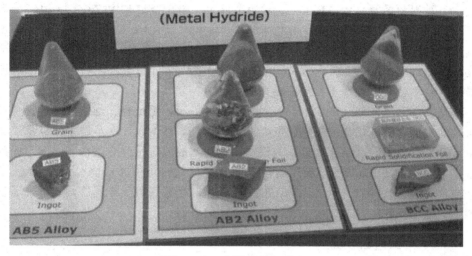

图 4-3　一些储氢合金照片

就稀土系储氢合金（例如 $LaNi_5$ 等）而言，虽然稀土族金属密度及价格高，氢气储存密度低，但因其吸氢/放氢之化学反应是在室温、常压下进行，因此所需的储氢容器较为简单轻便、且吸氢（电池充电，放热反应）/放氢（电池放电，吸热反应）过程中能有效地散热，故在民生应用例如家庭及个人可携式电子产品等方面受到重视。

表 4-3　储氢合金的性能

类型	AB_5	AB_2	AB	A_2B
典型代表	$LaNi_5$	ZrM_2, TiM_2（M：Mn、Si、V 等）	TiFe	Mg_2Ni
质量储氢量	1.4%	1.8%～2.4%	1.86%	3.6%
活化性能	容易活化	初期活化困难	活化困难	活化困难
吸放氢性能	室温吸放氢快	室温可吸放氢	室温吸放氢	高温才吸放氢
循环稳定性	平衡压力适中，调整后稳定性较好	吸放氢可逆性能差	反复吸放氢后性能下降	吸放氢可逆性能一般
抗毒化性能	不易中毒	一般	抗杂质气体中毒能力差	一般
价格成本	相对较高	价格便宜	价格便宜、资源丰富	价格便宜、资源丰富

至于钛系、铁系、锆系储氢合金方面，美国布鲁克海文国家实验室于1960年代曾开发出 AB 型之钛铁系合金，虽然氢气储存密度可达到 1.9%（质量）左右，且价格便宜，但因初期活化困难且有极大的迟滞效应，平衡压随氢在合金中的组成浓度而变化极大，故储氢能力及寿命受制于氢气的纯度；AB_2 型的储氢合金，被视为最能取代 AB-TiFe 及 AB_5-$LaNi_5$ 的合金，其中 ZrV_2 之储氢量虽然高达 3%左右，但因其在室温之平衡压力过低（1×10^{-3}Pa，323K），制约着其实用化；最具有潜力的 AB_2 型储氢合金是 Ti-Mn 合金，价格低廉、容易活化、储氢量可达 2%（质量）左右等均是其受业界瞩目的焦点，然而有明显的迟滞效应及平台压力等缺点，而影响到应用价值。

在镁系储氢合金（例如 Mg_2Ni、Mg-Ni）方面，重量轻、价格低廉及其超过所有的可逆金属氢化物的超强储氢能力是其优点，然而因纯镁金属表面极易氧化生成一层氧化膜，以至于严重影响氢气的吸附，故放氢反应必须在高温下才能进行，即使温度高达 400℃，氢气储存量通常无法达到 5%（质量），若温度低于 350℃以下，则吸氢/放氢之化学反应往往极慢，需要长时间来达成，故系统需要加热、绝热等较为复杂、笨重、昂贵的氢气储容器。

（1）稀土储氢合金

① 稀土储氢合金的发展

20 世纪 60 年代末，飞利浦公司首先发现了具有 $CaCu_5$ 型六方结构的稀土储氢合金 $LaNi_5$、$CeNi_5$。其中以 $LaNi_5$ 为典型代表，它具有吸放氢温度低、速度快、平台压适中、滞后小、易于活化，性质稳定不易中毒等优点。其室温下可与几个大气压的氢反应被氢化，生成具有六方晶格结构的 $LaNi_5H_6$，其氢化反应可用下式表示：

$$LaNi_5 + 3H_2 \longrightarrow LaNi_5H_6 \qquad\qquad (4-1)$$

Aoyagi 小组是较早研究 $LaNi_5$ 作为储氢材料的小组之一，他们报道了球磨的 $LaNi_5$ 合金的储氢特性，其储氢量仅为 0.25%（质量）。Kaplan 小组制备的 $LaNi_5$ 合金在 8.3 分钟能够吸氢达到 1.38%（质量）。之后国际上许多研究小组对 $LaNi_5$ 储氢合金的性能改善进行了研究。通过在 $LaNi_5$ 储氢合金表面进行 CO 处理之后其储氢量可以达到 1.44%（质量）。该类材料的储氢量已接近其理论容量极限，仍然较低。

1997 年，Kadir 等研究发现，含有稀土、碱土金属和镍元素并具有 $PuNi_3$ 型结构的新型 A_2B_7 型储氢合金。通过 XRD 衍射分析确定该系列合金具有 R-3m 空间群 $PuNi_3$ 型结构，合金结构，由 1/3 的 $CaCu_5$ 型结构层和 2/3 的 $MgCu_2$ 型结构层沿 c 轴方向堆垛而成。随后的一系列研究表明，由 $MgCu_2$ 相和 $CaCu_5$ 型结构单元以不同的比例沿 c 轴堆垛而成 La-Mg-Ni 系合金的结构主要有：$PuNi_3$

型（La，Mg）Ni_3、Ce_2Ni_7 型（La，Mg）$_2Ni_7$ 以 及 Pr_5Co_{19} 型（La，Mg）$_5Ni_{19}$，其化学表达式为 $La_{n+1}MgNi_{5n+4}$（$n=1$，2，3），其沿 c 轴的堆垛结构如图 4-4 所示。研究发现这类合金在常温常压下可逆吸放氢量达（1.87～1.98）%（质量），较 AB_5 型合金高约 30%～40%。因此，A_2B_7 型稀土储氢合金成为研究的新亮点。但受其制备工艺及专利问题等方面的制约，实现 A_2B_7 型储氢合金产业化仍存在着困难。A_2B_7 型储氢合金的重要组分成分 Mg 具有熔点低、易挥发、易燃的特性，使得 A_2B_7 型储氢合金中 Mg 含量精确度控制以及制备过程中挥发出的 Mg 清理等难题难以克服，这成为其产业化发展的一大瓶颈。株式会社三德经过潜心研究，最终克服了技术难题，实现了 A_2B_7 型储氢合金的安全产业化生产。株式会社三德就 A_2B_7 型储氢合金的制备工艺、成分组成、晶体结构及应用等方面在日本、美国、欧洲、中国等地区申请了大量的专利，形成了全面的知识产权保护体系。国内包头三德是国内唯一拥有自主知识产权的 A_2B_7 型储氢合金制造商。

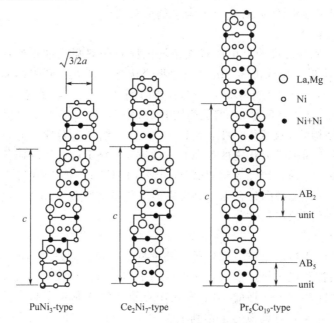

图 4-4　La-Mg-Ni 型晶体结构示意图

② 存在的问题及其改善

目前稀土基储氢合金的储氢量仍远低于按照国际能源署规定的实用的储氢系统必须达到 6.5%的要求。并且其活化性能、循环寿命等也需要进一步提高。为此，通常采用合金成分优化、稀土与 Mg 合金化、纳米化、复合材料，开发新型稀土金属间化合物等方面来提高合金储氢密度及改善动力学性能。

a. 合金成分优化

根据研究表明，储氢合金的吸放氢行为主要是受合金的晶格结构的影响。在储氢合金的晶格中引入其他元素（如 Al、Mn、Si、Zn、Cr、Fe、Cu、Co 等）来替代 La 或者 Ni，将会给合金的储氢特性产生很大的影响。此外，部分元素会对合金的吸放氢产生催化作用，进而改变储氢合金的动力学性能。因此，通过成分的优化将会有效地调节合金的储氢量、平衡氢压以及吸放氢动力学性能。如通常稀土 Ce、Pr、Nd、Sm 等替代 LaNi$_5$ 合金 A 位的 La 原子，用 Ti、Mn、Mo、Sn、Al、Cu 等来代替 B 位。Odysseos 等用不同含量的 Ce 替代 A 位的 La，研究了 La$_{1-x}$Ce$_x$Ni$_5$ 合金的储氢性能，结果发现，当 Ce 含量超过 0.5 时，吸氢量和吸放氢平台均有所增大。这可能是由于 Ce 降低了合金的晶格常数。Liu 等研究了 Al 替代 LaMg$_{8.40}$Ni$_{2.34-x}$Al$_x$（$x=0\sim0.20$）合金中 Ni 元素的储氢性能、结构，发现 Al 的替代使 LaMg$_{8.40}$Ni$_{2.34}$ 合金在 558K 时吸氢量由 3.01%（质量）增至 3.22%（质量），同时也有效地改善了合金的动力学性能。体现出了 Al 替代的有益作用。分析认为 Al 能降低合金的分解焓变。

b. 稀土 Mg 合金化

稀土 La、Y 等形成的氢化物对 Mg 氢化物的分解起到催化作用，而借助于 Mg 的高储氢容量，使稀土与 Mg 合金化将会优势互补，起到提高储氢合金综合性能的效果。Slattery 等制备的 La$_2$Mg$_{17}$ 金属间化合物，金属间化合物在 350℃能够吸氢达到 3.1%（质量），但放氢温度比较高。Zou 等人用电弧等离子体法制备了壳-核结构的 Mg-RE（RE：Nd、Gd、Er）纳米复合粉。储氢性能研究表明，纳米粉体表面稀土氧化物的存在有效改善了 Mg-RE 粉体的储氢动力学性能和抗氧化特性。另外，研究者们尝试了一种新的体系。如 Yan 等人发展了一种新的 La-Fe-B 三元金属间化合物，具有室温下优良的吸放氢动力学特性、好的活化特性以及大倍率放电特性。

c. 结构纳米化

结构的纳米化概念也被引入到稀土储氢材料中来。通过结构的纳米化，为氢在合金内部的扩散提供快速通道，从而提高了储氢合金的吸放氢速率，使其具有优异的活化性能和动力学性能。Lu 等人用双辊快淬法制备了具有均匀的纳米晶结构的 LaNi$_5$ 合金，其储氢容量达到了 1.32%（质量）。Siarhei 等用熔体快淬法获得了具有纳米晶结构的 Mg-Ni-Y 合金，该合金能在 250℃下实现储氢密度为 5.3%（质量）的可逆吸放氢。而北京大学用氢等离子体法制备了 Mg-Ni-La 纳米粉，吸放氢动力学显著得到提高，在 350℃环境下 15 分钟内就能吸收 3.2%（质量）的氢。

d. 新型稀土储氢合金

在探索高容量储氢材料过程中，具有新的储氢机理的新材料体系成为研究的重要方向。一些研究者研究了异于传统成分的稀土-Mg-Ni合金，发现$LaMg_2Cu$合金和$LaMg_2Ni_{1.67}$合金展现了良好的储氢动力学性能，这与合金的多相结构有关，两种合金分别由$LaMg_2Cu_2$相、$LaMg_3$相和La_2Mg_{17}、$LaMg_3$、Mg_2Ni相组成，相界面为氢提供了扩散的通道，并且作为缓冲区域释放了晶格的应力，从而改善了合金的储氢性能。因此，多相RE-Mg-Ni合金将会展现优良的储氢性能成为未来的研究方向。最近，Couillaud等人开发了两种RE-T-Mg（T为过渡金属）储氢合金，RE_4TMg和$RE_{23}T_7Mg_4$，这些合金形成新的晶化相结构：Gd_4RhIn和$RE_{23}T_7Mg_4$，它们的结构是少见的密堆三棱柱RE_6T和Mg四面体组成的三维网状结构，其共价电子浓度分布非常灵活。而且Gd_4NiMg能够吸收11个H原子，单胞体积增大22%。而$Y_4NiMg_{0.8}Al_{0.2}$在室温和较低压力下几乎可以吸收3%（质量）氢，然而该合金体系的放氢特性还缺乏深入研究。Sahlberg等在Y-Mg-Ga合金中也发现了较好的储氢特性。2011年，张庆安等人利用快速凝固处理$Mg_{12}YNi$合金时，发现其具有18R型长周期结构（LPSO），并具有良好的吸放氢动力学性能。

（2）钛系储氢合金

钛系储氢合金能在一定条件下反复吸、放氢的合金。是功能钛合金的一种。由于氢呈原子状态储存于金属间化合物的间隙中，储氢量很大，是材料本身体积的1000～1300倍，体积氢原子密度大于液氢，氢含量为1.6%～2.0%。最常用的是钛铁，正在研究开发和应用的有：钛锰、钛镍、钛铬、钛锆、铬锰系等合金。它们都是脆性金属间化合物，使用寿命可达25000次循环以上，并保持性能基本不变，但反复循环吸、放氢后有粉化现象。钛铁储氢材料属体心立方氯化铯结构，是20世纪70年代初由美国人锐利（J.J.Reilly）首次试制成功的，其熔点为1320℃，密度为5.8～6.1g/cm³，吸氢后体积膨胀率约为14%。膨胀率比其他储氢材料小，但成本低，便于大量推广。为了改善性能并易于活化，随后又发展了钛铁锰储氢材料，如$Ti_{44}Fe_{51}Mn_5$，它可在室温条件下活化，克服了需高温（300～400℃）、高真空（0.01333Pa以下）才能活化的缺点。可在2.5～3.0MPa氢压下吸氢，放氢平衡压为0.2～0.8MPa（20℃）。由于吸氢可逆，而吸收其他气体不放出，吸氢后经排气操作，即可得到99.9999%的超高纯氢。为防止中毒、延长使用寿命，吸氢时的氢气纯度要求在99%以上。使用多次后，如有吸氢能力衰减现象，可通过再生处理以恢复其吸氢能力。为改善TiFe合金的活化性能，自20世纪70年代开始，世界各国进行了广泛的研究，取得了显著的成绩。TiCo合金较之TiFe合金容易活化，在60～80℃时吸氢形成$TiCoH_{1.4}$。Ti-Mn系储氢合金的成本较低，是一种适合于较大规模工程应用的无镍储氢合金，而且我国是一个富产钛的国家。在实际工程应用中，Ti-Mn多元合金以其较大的储氢量、优异的平台特性得到了较为广泛的应用。Takasaki 等人用 MA 法成功制备了 $Ti_{45}Zr_{38}Ni_{17}$ 储氢合金，在 573K、3.8MPa 条件下，该合金的储氢量达 2.3%。德国的 Benz 公司研制的 $Ti_{0.98}Zr_{0.02}V_{0.45}Fe_{0.1}Cr_{0.05}Mn_{1.4}$ 合金储氢量达 2.0%（质量），平台特性也很好，该公司已经制成可储氢 $2000m^3$ 的大储氢罐，供中长距离储氢使用。日本的 E. Akiba 等对 TiV 系固溶体合金进行了研究，研制的 $Ti_{25}Cr_{30}V_{40}$ 合金储氢量可达 2.2%（质量）。

（3）Mg 基储氢合金

Mg 基储氢合金的研究最早开始于美国的布鲁克海文国家实验室。以其低廉的价格、丰富的资源和高储氢容量等性能，成为很有发展潜力的储氢材料。

纯 Mg 为六方密堆积结构，吸氢之后发生下式反应生成四方结构的氢化镁（结构如图 4-5 所示）。

$$Mg + H_2 \longleftrightarrow MgH_2 \tag{4-2}$$

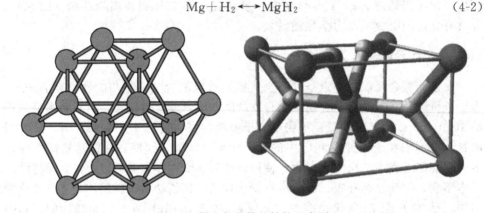

图 4-5　镁和氢化镁的结构示意图

Mg 吸氢量很大，理论吸氢量可达到 7.6%（质量）。但目前没有实用化，存在着一些问题：首先 Mg 生成 MgH_2 焓变为 $-76kJ/mol$，非常稳定，导致放氢温度太高（>573K）。其次，Mg 表面活性很大，很容易生成致密的 MgO 层，阻止了氢的进入。并且在表面先生成的 MgH_2 层也会阻止了氢的进入，根据报道，MgH_2 层厚度达到 30~50nm，氢将无法进入合金。这导致这类合金的吸/放氢动力学性能差，限制了其应用。为改进镁氢化物的这些缺点，采取了很多改进方法，如表 4-4 所示。

合金化可以降低氢化镁的焓变，目前已经对 Mg-Ni、Mg-Cu、Mg-Ca、Mg-La 和 Mg-Al 等二元系为基体的三元、四元等合金进行了研究，其中 Ni 被认为是最好的合金化元素。因为根据 Miedema 规则，储氢合金最好由一个强氢化物形成元素和一个弱氢化物形成元素组成。Ni 与氢的结合力较弱，氢化物形成焓低，Mg_2Ni 吸氢后形成 Mg_2NiH_4，形成焓为 $-64.5kJ/mol \cdot H_2$，较 MgH_2 低。Mg_2NiH_4 的吸氢量可以达到 3.6%（质量）。

表 4-4 改善 Mg 基储氢合金动力学性能的主要方法

方法	作　　用	效果	典型材料
合金化	形成复杂氢化物,降低 Mg 氢化物焓变	动力学	$MgCu_2$、Mg_2Ni、$MgAl$、$MgRe$
催化剂	降低活化能	降低吸放氢温度	V、Ti、Fe、Mn、Ni
	促进氢的解离	改善动力学性能	Pd
	抑制氧化膜的生成	循环稳定性	Y
	金属氧化物与氢分子的电子发生交换反应,加速了气固反应的进行	吸氢性能	Nb_2O_5
纳米化	提供扩散通道	改善动力学	甩带、球磨、等离子体
薄膜	比表面积、保护层、纳米结构	改善动力学	Mg、Mg-Ti

添加催化剂可以起到很多有益作用，可以有效加快表面的成核反应、氢分子的解离以及氢原子的扩散等过程，从而提高吸放氢动力学性质。迄今为止，研究者们尝试掺杂不同类型的催化剂提高 Mg 材料的储氢性能，包括过渡金属单质、金属合金、金属氧化物、过渡金属化合物和碳纳米管等。如 Pd 可以催化氢的解离，改善动力学性能，V、Ti、Fe 等可以减小 Mg 的活化能，降低 Mg 的吸放氢温度。Oelerich 小组系统研究了不同催化剂对储氢性能的影响，掺杂有金属催化剂的 Mg 纳米材料在 573K 时迅速完全放氢。

纳米化和薄膜化是目前研究的热点。Huot 小组利用球磨法制备 Mg 纳米材料，其吸氢速率明显提高，可在 573K 和 623K 下达到 5%（质量）的吸氢量。球磨过程中大量缺陷生成、比表面积增大、颗粒尺度降低，导致成核位点增加、扩散距离减小。通常延长球磨时间，Mg 材料的颗粒尺寸会继续下降，吸放氢动力学性质也随之改进。但是由于材料的延展性，无法通过延长球磨时间进一步降低颗粒尺度。Aguey-Zinsou 等的工作表明当球磨时间超过 700h 后，颗粒尺度不再继续减小，平均尺度只降低到约 500nm。荷兰 de Jongh 小组利用 Hartree-Fock 及密度函数理论计算表明，随着 Mg 纳米颗粒尺寸的减小，吸放氢温度随之降低，动力学性能显著提高。当颗粒尺度降低至 1.3nm（20 个 Mg 原子）时，MgH_2 分解时的所需能量将迅速降低。当 MgH_2 的颗粒尺寸继续降低至 0.9nm 时，其分解温度为 473K。因此，必须寻找新的有效方法来制备降低 Mg 纳米材料的颗粒尺寸以获得高效的储氢材料。而薄膜化则可以增大 Mg 的比表面积，从而改善 Mg 的动力学性能。

（4）V基固溶体型合金

V基固溶体合金为体心立方（BCC）结构，具有多个H原子可以占据的四面体空位，因此，具有较高的理论储氢量。V基固溶体合金吸氢后可生成VH和VH_2两种氢化物，具有储氢量大的特点。尽管由于VH的热力学性质过于稳定而不能被利用，合金的放氢容量仅为其吸氢量的50%左右，但V基合金的可逆储氢量仍高于AB_5型和AB_2型合金。

$V_3TiNi_{0.56}M_x$是目前研究较多的钒基固溶体型储氢合金，其中$x=0.046\sim0.24$；M为Al、Si、Mn、Fe、Co、Cu、Ge、Zr、Nb、Mo、Pd、Hf、Ta等元素，主要应用于镍氢电池领域。钒基固溶体型合金具有储氢量大、氢在氢化物中的扩散速度较快等优点，已应用于氢的储存、净化、压缩以及氢的同位素分离等领域，其缺点是合金充放电的循环稳定性较差，循环容量衰减速度较快的问题。因此，对于钒基固溶体型储氢合金的研究开发，优化合金成分与结构、采用新的合金的制备技术以及对合金表面进行改性处理，仍是进一步提高合金性能的主要研究方向。

4.2.2 配位氢化物

和储氢合金相比，碱金属或碱土金属（如Li、Na、Mg等）与硼、铝等形成的金属配位氢化物具有更高的储氢容量。日本的科研人员首先开发了氢化硼钠（$NaBH_4$）和氢化硼钾（KBH_4）等配合物储氢材料，它们通过加水分解反应可产生比其自身含氢量还多的氢气。例如，$LiBH_4$的储氢量为18%，远远超出了储氢合金如AB_5、AB_2以及Fe-Ti系的储氢量。

（1）金属硼氢化物

金属硼氢化物包括$LiBH_4$、$NaBH_4$、$Mg(BH_4)_2$、$Ca(BH_4)_2$等含有[BH_4]配位基团的复合金属氢化物，因其巨大的含氢重量密度和体积密度，成为储氢材料的研究热点之一。但由于B-H之间存在较强的共价键作用，导致较高的热力学稳定性，因而只有在较高的温度下才能进行吸放氢反应，严重阻碍了它们的实际应用。$LiBH_4$的含氢量可达18.4%，作为车载储氢化合物的候选者之一而吸引了广大科学家的兴趣。$LiBH_4$在380℃，室压下开始分解转化为LiH与B并释放出13.5%（质量）的氢气，其放氢反应式如下。

$$LiBH_4 \longrightarrow LiH + B + 3/2H_2 \tag{4-3}$$

Zuttel等人发现在较慢的加热速率下，$LiBH_4$的分解TGA曲线有三个明显不同的峰。这意味着在分解过程中存在复杂的分解反应和中间相，如Li_2B_{12}-

H_{12}。Orimo 等人发现在 600℃、1MPa 氢压下 $LiBH_4$ 分解为 LiH 和 B，并且在 35MPa、600℃下保持 12 小时成功实现了可逆吸氢反应，他们把这种可逆吸放氢的机理归结为阴离子 $[BH_4]$ 基团在熔融的状态下长程有序消失，并且 $[BH_4]$ 基团的原子振动有效促进了可逆吸氢反应的发生。如上所述，$LiBH_4$ 的吸放氢反应存在放氢温度高，吸氢条件苛刻等困难，而且单纯的 $LiBH_4$ 吸放氢反应动力学都很慢。

与 $LiBH_4$ 类似，$NaBH_4$ 也具有高的储氢密度，但其放氢反应往往采用水解放氢的方式。戴姆勒-克莱斯勒公司于 2002 年推出了燃料电池概念车——"钠"概念车，这种燃料电池就是利用 $NaBH_4$ 水解放氢为其提供氢气燃料的。$NaBH_4$ 的水解放氢反应如式：$NaBH_4 + 2H_2O \longrightarrow NaBO_2 + 4H_2$ 在 35% 的碱性溶液中，$NaBH_4$ 能水解放出 7.6% 的氢，低于 2015 年美国能源部 9%（质量）放氢量的标准，并且 $NaBH_4$ 水解后的产物需要额外的再生过程才能重新生成 $NaBH_4$，这从本质上带来了成本较高和效率低下问题。KBH_4 理论含氢量为 7.4%（质量），小于 2015 年美国能源部 9%（质量）的标准，且放氢反应和 $NaBH_4$ 类似，都是通过水解来完成，不利于可逆吸氢反应的进行。$Ca(BH_4)_2$ 理论储氢量为 11.5%（质量），理论预测的放氢反应为：

$$Ca(BH_4)_2 \longrightarrow 2/3CaH_2 + 1/3CaB_6 + 10/3H_2 \qquad (4-4)$$

上式的理论放氢量为 9.6%（质量）。热重分析实验支持了这个反应，实测的放氢量为 9.2%（质量），由此推测在反应过程中有中间产物的存在。虽然 $Ca(BH_4)_2$ 体系有高的理论储氢含量，但其初始放氢温度为 367℃，并且放氢动力学反应非常缓慢。而 $Mg(BH_4)_2$ 的质量储氢密度和体积储氢密度分别达到 14.9%（质量）和 112kg/m³，符合美国能源部的储氢质量要求，是一种很有潜力的氢气储存介质之一。

（2）金属铝氢化物

1997 年德国的科学家 Bogdanovic 和 Schwichardi 发现通过添加 Ti 基催化剂，$NaAlH_4$ 可以在 100～200℃温度内吸放氢可逆地实现，储氢量可达 5.6%（质量），激起了研究轻金属配位化合物储氢载体的热潮。美国石溪国家实验室和 Sandia 国家实验室的研究表明：机械化球磨法制造的 $LiAlH_4$ 可在 100～150℃的温度下脱氢，其氢的实际存储质量密度已达 7%，极具应用潜力。虽然这些储氢材料的储氢量很高，但它们存在的普遍问题是吸放氢动力学性能差，吸氢温度和吸氢压强较高，并且合成困难。

金属铝配位氢化物也是其中一种，掺杂 Ti 基催化剂的 $NaAlH_4$ 是其中一种具有较好吸放氢性能的可逆储氢材料。$NaAlH_4$ 的可逆吸放氢过程可用下列反应式表达：

$$3NaAlH_4 \longleftrightarrow Na_3AlH_6 + 2Al + 3H_2 \longleftrightarrow 3NaH + 3Al + 4.5H_2 \qquad (4-5)$$

$NaAlH_4$ 上述分解的最终理论放氢量为 5.6%（质量），但由于 NaH 较高的热稳定性，第二步的可逆吸放氢反应温度很高，不易实现，因此 $NaAlH_4$ 实际可逆吸放氢量小于 1.0%（质量）。加入 Ti 基催化剂，$NaAlH_4$ 可逆储氢量可达到大约 4.5%（质量），并使吸放反应温度降低超过 50℃。

与 $NaAlH_4$ 相类似，$KAlH_4$ 也能在一定的温度与氢压下实现可逆吸放氢气，但是此铝氢配位氢化物的吸放氢温度高于 $NaAlH_4$，且可逆储氢量低于 $NaAlH_4$。而储氢量高于 $NaAlH_4$ 的 $Mg(AlH_4)_2$、$LiAlH_4$、Li_3AlH_6 等铝氢配位化合物的可逆吸放氢性能较差，分解放氢温度较高。

1997 年 Bogdanovic 等人研究发现在 $NaAlH_4$ 中掺入少量的 Ti^{4+}、Fe^{3+}，可将 $NaAlH_4$ 的分解温度降低 100℃ 左右，而且加氢反应可在低于材料熔点（185℃）的固态条件下实现。这使得越来越多的人开始研究以 $NaAlH_4$ 为代表的新一代配合物储氢材料，如 $LiAlH_4$、$KAlH_4$、$Mg(AlH_4)_2$ 等。Pinkerton 等人报道，$TiCl_3$ 杂化的 $LiBH_4/CaH_2$ 体系的再生储氢质量密度已达 9.1%。氢化硼和氢化铝配合物也是很有发展前景的新型储氢材料，但为了使其能得到实际应用，人们还需探索新的催化剂或将现有的钛、锆、铁催化剂进行优化组合以改善 $NaAlH_4$ 等材料的低温放氢性能，而且对于这类材料的回收再生循环利用也需进一步深入研究。

4.2.3 金属氮氢化物

金属氮氢化物储氢材料中，$LiNH_2$ 是其中一种具有较高储氢量的储氢载体。2002 年，Chen 等人首先报道了 $LiNH_2$-LiH 材料通过以下反应实现可逆吸放氢：

$$LiNH_2 + 2LiH \longleftrightarrow Li_2NH + LiH + H_2 \longleftrightarrow Li_3N + 2H_2 \qquad (4-6)$$

其理论可逆吸放氢达 10.4%（质量），但该体系完全放氢温度为 400℃，难以满足实际应用，且 Li_3N 的氢化物分解时会产生 NH_3，这种气体会破坏催化剂的活性。Ichikawa 等研究了催化剂对上述反应的影响，发现在球磨 $LiNH_2$ 和 LiH 混合物时中加入 $TiCl_3$ 催化剂，可以在经过三个吸放氢循环后达到 5.50%（质量）的吸氢量。最近，Hu 等人报道了多孔金属氮氢化物储氢材料中可经过多次循环后仍能保持 3.10%（质量）的可逆吸氢量。Pinkerton 等人报道了具有 10%（质量）以上的高吸氢量的金属氮氢化物储氢材料，可惜可逆性存在问题。Ichikawa 等人利用基于密度泛函理论的第一性原理方法，通过计算 $LiNH_2$ 生成焓，认为采用电负性强的元素取代 $LiNH_2$ 中的 Li，可使体系放氢温度降低。Zhang 等人通过计算 Mg 和 P 部分取代 $LiNH_2$，发现用 Mg 取代 Li，降低了体系的放氢温度，而共价能力弱的 P 元素取代 N 也降低了体系的放氢温度。进一步研究发现，用 $Mg(NH_2)_2$ 代替 $LiNH_2$ 和 LiH 混合形成的 Li-Mg-N-H 储氢材料可以降低放氢温度。$Mg(NH_2)_2$ 的分解温度比 $LiNH_2$ 的低，并且 LiH 能和 $Mg(NH_2)_2$ 快速反应，其可逆吸放氢过程为：

$$Mg(NH_2)_2 + 4LiH \longleftrightarrow 1/3Mg_3N_2 + 3/4Li_3N + 4H_2 \qquad (4-7)$$

式中的理论储放氢含量为 9.1%（质量）。在加热的过程中，$Mg(NH_2)_2$ 和 4LiH 混合物失重主要集中在 230℃ 以下，低于 $LiNH_2$ 和 2LiH 混合物的分解温度。$Mg(NH_2)_2$ 和 4LiH 混合物在 527℃ 失重大约为 7%（质量），是理论放氢量的 77%。Li-Mg-N-H 储氢材料由于具有较为合适的吸放氢热力学性能、较高的储氢容量和较好的吸放氢循环稳定性，现已成为储氢材料的一个研究热点。近年来，在材料的成分调变、催化剂添加、颗粒尺寸控制以及储氢机理研究方面取得了一定进展，Li-Mg-N-H 材料的储氢性能明显改善。

4.2.4 氨硼烷化合物

氨硼烷化合物（NH_3BH_3，简称 AB）是一类由双氢键链接的氢化物，同时具有高的储氢密度和良好的化学稳定性，是最近为科学家们紧密关注的新型化学氢化物储氢材料之一。例如硼烷氨 NH_3BH_3 具有 19.6% 的理论储氢容量，可通过催化热解等方式实现放氢，在 $110 \sim 155℃$ 的温度范围内通过热分解放出 13.4%（质量）的氢，但因需要较长的热诱导期，放氢温度较高，速度慢且释放少量 NH_3。为了降低放氢温度，Gutowska 等人将 NH_3BH_3 装填入 SBA-15 中，成功地将分解放氢温度降低到 100℃ 以下。Xiong 等人用 Li 或 Na 元素替代氨硼烷 [NH_3] 基团上的 H，发现了新型碱金属氨基硼烷化合物 $LiNH_2BH_3$ 和 $NaNH_2BH_3$，这两种物质分别实现了在 91℃ 温度下放氢约 11%（质量）和 7.5%（质量），显著实现了氨硼烷类化合物分解温度的降低，并且没有多余的副产物硼吖嗪，避免了长期的热诱导期和发泡过程。陈萍和王平采用固相反应在 NH_3BH_3 引入过渡金属制备了新型金属氨硼烷化合物。最近，科学家们研究了一系列策略来降低氢释放温度并提高该系统的其他性能。宾夕法尼亚大学化学教授 Larry G. Sneddon 等发现当硼烷氨在离子液体中脱氢时，氢的释放量和释放速度大大提高；新墨西哥州国家实验室的 R. Tom Baker 及其合作者发现，用镍基催化剂介导反应可以大大提高氢的释放量。

金属氨基硼烷化合物虽然具有高的储氢量和较低的放氢温度，但其致命的缺点是可逆吸氢非常困难，尚未发现相关的报道。因此，如何实现其可逆吸放氢是进一步研究的重点。

4.2.5 金属有机框架材料

金属有机框架材料（Metal-Organic Frameworks，MOFs）是一类由金属离子与含氧、氮等的多齿有机配体（大多数是芳香多酸）自组合形成的微孔网络结构的配位聚合物。在构筑金属有机多孔骨架时，有机配体选择起着关键性的作用。目前，已经有大量的金属有机骨架材料被合成，主要是以含羧基有机阴离子配体为主，或与含氮杂环有机中性配体共同使用。这些金属有机骨架中多数都具有高的孔隙率和好的化学稳定性。通过设计或选择一定的配体与金属离子组装得到了大量新颖结构的金属有机多孔骨架化合物。也可以通过修饰有机配体，对这些聚合物的孔道的尺寸进行调控。

20世纪90年代，以新型阳离子、阴离子及中性配体形成的孔隙率高、孔结构可控、比表面积大、化学性质稳定、制备过程简单的MOFs材料开始被大量合成出来。美国的Yaghi、日本的Kitagawa、法国的Ferey以及国内陈军、李星引、朱广山等人多个研究小组在金属有机骨架材料的合成、结构和储氢性能研究方面获得了许多引人注目的研究成果。美国密歇根大学Yaghi教授的课题组于1999年首次发布了具有储氢功能、由有机酸和锌离子合成的MOF-5材料，并于2003年报道了MOF-5的储氢性能。结果表明：MOF-5在298K、2×10^6Pa的条件下可吸收1.0%（质量）的氢气，在78K、0.7×10^5Pa的条件下可以吸收4.5%（质量）的氢气。美国加利福尼亚大学伯克利分校的Long教授研究组与Yaghi教授课题组合作，通过暴露于空气中制得的MOF-5在77K、4×10^6Pa条件下的储氢量为5.1%（质量），而不暴露于空气中制得的MOF-5在同样条件下的储氢量达到了7.1%（质量）。北京大学的李星国等报道了他们制备的MMOFs在77K和298K下的吸氢量分别达到3.42%和1.20%，Co(HBTC)(4,4-bipy)·3DMF在77K和298K下的吸氢量分别达到2.05%和0.96%。然而，金属有机框架材料目前仍有许多关键问题亟待解决。这些问题的切实解决将对提高MOFs材料的储氢性能并将之推向实用化进程发挥非常重要的作用。

4.2.6 碳质储氢材料

碳质材料由于具有吸氢量大、质量轻、抗毒化性能强、易脱附等优点，其物理吸附储氢被认为是非常有应用前景的储氢方式。碳质储氢材料主要有碳纳米管（CNT）、超级活性炭（AC）、石墨纳米纤维（GNF）和碳纳米纤维（CNF）几种。

① 碳纳米管（CNT）由于其具有储氢量大、释放氢速度快、可在常温下释

氢等优点，被认为是一种有广阔发展前景的储氢材料。碳纳米管可分为单壁碳纳米管（SWNT）和多壁碳纳米管（MWNT），它们均是由单层或多层的石墨片卷曲而成，具有长径比很高的纳米级中空管。中空管内径为 0.7 到几十纳米，特别是 SWNT 的内径一般 <2nm，而这个尺度是微孔和中孔的分界尺寸，这说明 SWNT 的中空管具有微孔性质，可以看作是一种微孔材料。国内外对碳纳米管储氢做了大量的研究 Dillon 等研究的单壁碳纳米管在 $-140℃$、$6.7×10^4$Pa 下的储氢密度为 5%（质量）。Chen 等报道在 $380℃$、常压下碳纳米管的储氢密度达 20.0%（质量）。Liu 的研究也表明，室温下纯 CNTS 的储氢质量密度仅有 1.7%。Ye 等采用容积法通过检测吸附解吸过程的压力变化，他们测定的单壁纳米碳管最高储氢容量在 80K、12MPa 条件下达到了 8%。Liu 等人测定的单壁纳米碳管（713K 热处理和纯盐酸浸泡）在室温、10MPa 条件下的储氢容量达到了 4.2%。尽管人们对碳纳米管储氢的研究已取得了一些进展，但至今仍不能完全了解纳米孔中发生的特殊物理化学过程，也无法准确测得纳米管的密度。

② 超级活性炭（AC）储氢始于 20 世纪 70 年代末，是在中低温（77～273K）、中高压（1～10MPa）下利用超高比表面积的活性炭作吸附剂的吸附储氢技术。AC 吸氢性能与温度和压力密切相关，温度越低、压力越大，则储氢量越大，但在某一温度下，吸附量随压力增大将趋于某一定值。压力的影响小于低温的影响。周理发现，在超低温 77K、2～4MPa 条件下，AC 储氢量达 5.3%～7.4%。詹亮等人的研究结果表明，在 93K、6MPa 条件下 AC 储氢量达到 9.8%，而且吸脱氢速率较快。AC 的缺点在于吸附温度较低，使其应用范围受到限制。

③ 石墨纳米纤维（GNF）是一种由含碳化合物经所选金属颗粒催化分解产生，截面呈十字形，面积为 $(30～500)×(10～20)m^2$、长度为 $10～100\mu m$ 的石墨材料，其储氢能力取决于直径、结构和质量。Chambers 等人用鲱鱼骨状的纳米碳纤维在 12MPa、25℃下得到的储氢质量分数为 67%，此结果至今无人能重复。Angela 等报道了经过各种预处理的 GNF，其在预处理阶段具有显著的储氢水平，通过最好的预处理方法，预处理阶段在 7.04MPa 和室温条件下储存氢气的质量分数为 3.80%。

④ 碳纳米纤维（CNF）具有较高储氢密度，原因是：CNF 具有很大的比表面积，使大量的 H_2 吸附在碳纳米纤维表面，为 H_2 进入碳纳米纤维提供了主要通道；而且由于 CNF 的层间距远远大于 H_2 分子的动力学直径（0.289nm），大量的 H_2 可进入 CNF 的层面之间；同时，CNF 有中空管，可以像碳纳米管一样具有毛细作用，H_2 可凝结在中空管中，从而形成碳纳米纤维。CNF 的储氢量与其直径、结构和质量有密切关系。在一定范围内，直径越小，质量越高，纳米碳纤维的储氢量越大。采用催化浮动法制备的碳纳米纤维，在室温、11MPa 条件

下储氢量为 12％。毛宗强等测得室温、10MPa 条件下 CNF 的储氢量可达 10％。白朔等的研究表明，在室温、12MPa 条件下，经过适当表面处理的 CNF 的储氢量也可达到 10％。

4.2.7 玻璃微球储氢

按当今技术水平，用中空的玻璃球（直径在几十至几百微米之间）储氢已成为可能。玻璃微球的形貌如图 4-6 所示。在高压（10～200MPa）下，加热至 200～300℃ 的氢气扩散进入玻璃空心球内，然后等压冷却，氢的扩散性能随温度下降而大幅度下降，从而使氢有效地储存于空心微球中。使用时，加热储器，就可将氢气释放出来。

微球成本较低，由性能优异的耐压材料构成的微球（直径小于 100mm）可承受 1000MPa 的压力。与其他储氢方法相比，玻璃微球储氢特别适用于氢动力车系统，是一种具有发展前途的储氢技术，其技术难点在于制备高强度的空心微球。工程应用的技术难点是为储氢容器选择最佳的加热方式，以确保氢足量释放。

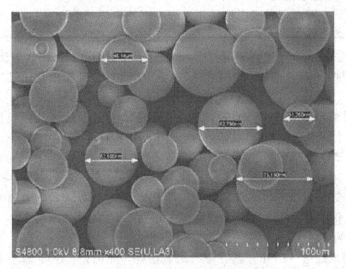

图 4-6　玻璃微球的形貌

4.2.8 储氢材料的储能参数和性能特点比较

如表 4-5 所示，相对于高压压缩储氢和低温液化储氢，金属氢化物、碳纳米管吸附，水合物储氢等方法，固态材料氢气储存方法主要有以下潜在优势：较小

表 4-5 各类储氢材料及技术的特性对比

存储类型	存储技术	代表性材料	质量储氢密度/%(质量)或体积储氢密度/(kg/m³)	放氢温度/℃	优点	缺点	代表性研究生产单位或个人
储氢合金	稀土系储氢	LaNi₅	1.4%~6.5%	20~150℃	技术成熟,吸放氢动力学性能优异	价格高,开发潜力较小	中国钢研院,荷兰 Philips 公司,辽宁鑫普公司,内蒙古稀奥科公司,包头三德公司
	镁系储氢	Mg、Mg₂Ni、MgH₄-5%Mg	2.6%~7.3%	200~400℃	存储密度大	吸放氢动力学性能较差	美国 Brookhaven 国家实验室、Reilly、Shinji 等
	过渡金属储氢	TiFe、ZrMn₂	2.6%~3.8%	-30~80℃	安全、高效	吸放氢动力学性能及价格问题	日本原子能研究机构,日本东北大学,美国加利福尼亚大学,Brookhaven 国家实验室,中科院
化学法	配位氢化物	LiBH₄、NaAlH₄	7%~21%	100~400℃	储氢密度极高	吸放氢动力学性能差	美国石溪国家实验室,Sandia 国家实验室、Bogdanovic 等
	氨基化合物储氢	NH₃BH₃	6.5%~11%	90~150℃	存储密度大,安全稳定	放氢温度较高	福特汽车公司,UOP 公司,中科院大连物化所,新墨西哥州国家实验室,宾夕法尼亚大学,加州大学
	有机液体储氢	苯,甲苯	6%~8%	200~300℃	易于存储和运输	加/脱氢温度较高	美国洛斯阿拉莫斯实验室,美国俄勒冈大学,中国石油大学
	金属有机框架材料储氢	MOF-5、IRMOFs、MMOMs	1%~10%	—	纯度高,结晶度高,结构可控	吸氢温度低(77K)	北京大学,美国密歇根大学,加利福尼亚大学,美国的 Yaghi,日本的 Kitagawa,法国的 Ferey 以及国内陈军,李星引,朱广山等

存储类型	存储技术	代表性材料	质量储氢密度/%(质量)或体积储氢密度/(kg/m³)	放氢温度/℃	优点	缺点	代表性研究生产机构或公司
物理法	压缩储氢	钢瓶、复合材料罐	约1%	常温(压力小于17MPa)	简便、技术相对成熟	体积密度较小、运输使用不安全	多数机构及公司
	液化储氢	高强度球光体铸铁	约70kg/m³	常温	密度高	条件苛刻(20K),消耗所出储能量的33%	美国NASA、宝马汽车公司等
	碳质材料储氢 — 碳纳米管	单壁(SWNT)、多壁(MWNT)	0.05%~67%(理论值)	25~380℃	理论值大	吸放氢动力学性能差	美国可再生能源实验室、中科院大连物化所、Dillon,Tibbetts,陈萍等
	碳质材料储氢 — 超级活性炭	超级活性炭	0.1%~10%	零下196~20℃(1~10MPa)	吸附能力大、表面活性高、寿命长	对温度、压力有高要求	Fierro, Texier, Romanos, Nuithitikul, Burress,杜晓明,周理,詹亮等
	碳质材料储氢 — 石墨纳米纤维	石墨纳米纤维	3.8%~67%	室温	理论值大	结果难以重复	Chambers,Angela 等
	碳质材料储氢 — 碳纳米纤维	碳纳米纤维	5%~12%	室温(10~12MPa)	储氢密度较高	要求较高压力	日本NEC公司,Iijima,Likholobov,Dillon,范月英等
	微孔有机聚合物储氢	PIMs,HCPs,COFs,CMPs	1%~16%	—	较高吸氢能力和良好的吸放氢动力学性能	单体合成复杂、价格昂贵	Mckeown, Sherriton, Yaghi, Davankov, Sherriton,Cooper等
	玻璃微球储氢	MgAlSi,石英,聚酰胺	15%~42%	200~400℃	耐压强度高、能耗低、安全	制备高强度空心微球难度高	美国3M公司,比利时Glaverbel公司,日本板硝子,McLaughlin,Veatch等

的体积、较低的压力（更高的能源效率）和更多高纯度的氢气产出。压缩气体和液体储存如今是商业上可行的方法，但完全符合成本效益的储存系统还有待开发。另外还要关注储存方法的安全性，特别是对新的储存方法。从安全角度上考虑，在城市中建立储存 20～70MPa 压缩氢气的大容量储罐是不可行的。液化氢气需要给液化设备和储存设备不断供冷来维持 20K 或更低的低温。Profio 等人对几种储氢技术的储能参数进行了比较（见表 4-6），综合考虑氢储存系统的稳定及温和的氢回收条件，单位质量氢与储存介质的相互作用所需能量约为 40MJ/kg，其中，理论质量储能密度是指单位质量储存介质储存能量的大小，理论体积储能密度是指单位体积储存介质储存能量的大小。结果发现，几种制备储氢材料的耗能量与材料所储存的能量的比值中，氨基化合物最高，液化氢气次之。低温金属氢化物的耗能量与储存的能量的比值最小，并且其释放的 CO_2 量最少，最环保，而其他均比较接近，因此，从储能参数考虑，可以认为储氢合金是可以作为静态的、大容量储氢最实际的选择之一。

表 4-6 部分储氢材料的储能参数

储氢方法	储氢耗能 /(MJ·kg^{-1})	释氢耗能 /(MJ·kg^{-1})	耗能与储能之比	理论质量储能密度 /(MJ·kg^{-1})	理论体积储能密度 /(MJ·m^{-3})	CO_2 释放量 /kg
20MPa 压缩氢气	10.3	0	0.09	1.05	0.71	0.93
35MPa 压缩氢气	12.26	0	0.10	8.04	2.49	1.10
70MPa 压缩氢气	14.88	0	0.12	7.20	3.60	1.34
液化氢气	42.60	0	0.36	16.81	4.00	3.83
低温金属氢化物（$LaNi_5H_6$）	6.23	1.07	0.06	1.08	13.80	0.66
高温金属氢化物（MgH_2）	10.87	6.72	0.15	3.47	12.84	1.58
铝氢化物（$NaAlH_4$）	10.59	4.08	0.12	3.47	11.40	1.32
氨基化合物	6.90	17.67	1.16	21.23	17.35	2.21
碳纳米管	16.00	0	0.13	3.60	2.16	1.44

4.2.9 储氢材料研究小组以及研究方向

近年来储氢材料的研究也随着对氢能源的利用需求而快速发展。从图 4-7 统计的在储氢材料发表的相关 SCI 论文数量随年份的变化，可以看到，近五年发表相关论文的数量呈逐年上升趋势。

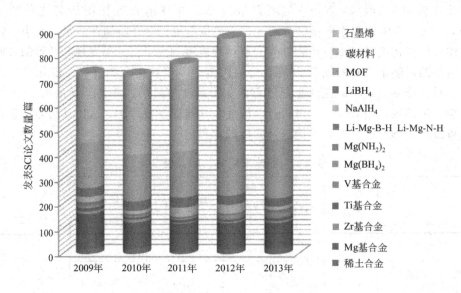

图 4-7　发表的储氢材料相关 SCI 论文数量随年份的变化

目前各国家争相投入力量从事储氢材料方面的研究。美国、日本、德国、英国、瑞士、加拿大等国进行了大量卓有成效的研究工作。我国有关大学和科研机构也正在开展这方面的研究工作，并取得令人瞩目的成绩。根据发表的 SCI 论文统计，在储氢材料方面研究较多的主要是中国科学院、浙江大学、华南理工大学、北京大学、美国能源部、美国加州大学系统、日本国家先进工业科学技术研究院、俄罗斯科学院、德国马普学会以及日本的东京大学等。并且每个机构均有各自研究的侧重点。下面将根据储氢材料的种类详细介绍主要的研究小组以及发表相关论文情况，如表 4-7 所示。在金属储氢材料方面，中国占据着研究的主要力量，如燕山大学、浙江大学、兰州理工大学、北京大学等。而在配位氢化物的研究中，主要是中国、日本和北欧国家在从事相关的研究。另外，针对金属有机骨架材料的合成、结构和储氢性能方面的研究，美国的 Yaghi 以及中科院等多个研究小组获得了许多引人注目的研究成果。

表 4-7　从事储氢材料的主要研究小组以及发表相关论文情况

名称	代表材料	国家	研究机构	主要研究小组（负责人）	发表 SCI 论文数量（2009～2014）
储氢合金	稀土基	中国	燕山大学	河北应用化学重点实验室（Han,SM）等	21
		中国	中科院	金属所（Chen,DM）长春应用化学研究所（wang,LM）	13
		中国	兰州理工大学	甘肃省有色金属新材料重点实验室（Luo,YC）	8
		中国	内蒙古科技大学	（Zhang,Yanghuan）	6
		中国	上海大学	现代冶金与材料加工重点实验室（Li,Qian）	6
		中国	浙江大学	潘洪革等	5
	Mg 基	韩国	全北国立大学	工程技术研究院（Song,Myoung Youp）	39
		韩国	国立全南大学	材料科学与工程学院（Park,Choong-Nyeon）	33
		中国	北京大学	稀土材料化学及应用国家重点实验室（李星国等）	23
		中国	华南理工大学	材料科学与工程学院（朱敏等）	21
		日本	日本先进工业科技国家研究院	Res Inst Ubiquitous Energy Devices（Takasaki,Tomoaki）	20
		挪威	能源技术研究所	（Yartys,V. A.）	17
	Ti 基	中国	浙江大学	潘洪革等	4
		日本	日本先进工业科技国家研究院	（Akiba,Etsuo）	3
		加拿大	魁北克大学	（Huot,J.）	2
		中国台湾	"国立"中央大学	材料科学与工程学院（Lee,SL）	2
		中国	南京工业大学	材料化学工程国家重点实验室（Shen,Xiaodong）	2
		中国	上海大学	（Li,Chong He）	2
	Zr 基	中国	西北工业大学	凝固技术重点实验室（Zhang,T. B.）	3
	V 基	中国	四川大学	材料科学与工程学院（Chen Yun-Gui）	3

名称	代表材料	国家	研究机构	主要研究小组 （负责人）	发表 SCI 论文数量 （2009~2014）
配位氢化物	$Mg(BH_4)_2$	德国	卡尔斯鲁厄技术学院	纳米技术研究所（Bardaji, Elisa Gil）	9
		中国	复旦大学	（Yu, Xuebin）	6
		中国	浙江大学	潘洪革等	5
		日本	东北大学	材料研究所（(Li, H-W)）	4
		瑞士	日内瓦大学	物理化学系（Hagemann, H）	4
		中国	中科院	金属所（Wang, Ping）	3
		中国	北京大学	稀土材料化学及应用国家重点实验室（李星国等）	3
	Li-Mg-B-H Li-Mg-N-H	中国	浙江大学	电池新材料与应用技术研究（Chen, Lixin）	9
		中国	中科院	金属所（Wang, Ping）	6
		中国	有色金属研究总院	Dept Energy Mat & Technol（蒋利军）	3
	$NaAlH_4$	中国	长安大学	材料科学与工程学院（Zheng Xueping）	10
		中国	浙江大学	电池新材料与应用技术研究（王齐东）	9
		挪威	能源技术研究所	物理系（Pitt, Mark P）	8
	$LiBH_4$	中国	复旦大学	（Yu, Xuebin）	27
		中国	中科院	金属所（Wang, Ping）	23
		中国	浙江大学	潘洪革等	18
		瑞士	瑞士联邦材料科学与技术研究所	（Zuettel, Andreas）	16
		丹麦	奥胡斯大学	（JENSENTR）	10
		中国	华南理工大学	材料科学与工程学院（朱敏等）	10
	$Mg(NH_2)_2$	中国	中科院	大连化学物理研究所（陈萍）	9
		中国	浙江大学	潘洪革等	8
		印度	贝拿勒斯印度教大学	氢能源中心（Srivastava, O. N.）	3

名称	代表材料	国家	研究机构	主要研究小组（负责人）	发表SCI论文数量（2009～2014）
碳质材料	MOF	美国	美国加州大学系统	伯克利分校（Yaghi，O M，Long，Jeffrey R）	70
		中国	中科院	福建物构所（Cao Rong，Zhang Jian）	65
		美国	西北大学	化学与生物工程系（Snurr，RQ）	54
		美国	德州农工大学	化学系（Zhou，Hong-Cai）	40
	碳	中国	中科院	长春应用化学所（Sun Xuping）上海硅酸盐研究所（WangHuan-Lei）	91
		美国	能源部	橡树岭国家实验室（Morris，James R.）	54
		西班牙	西班牙科学研究理事会	（Madronero A）	49
		英国	诺丁汉大学	（Masika E）	27
		中国	北京化工大学	器官无机复合材料国家重点实验室（Cao Dapeng）	26
		日本	东北大学	多学科先进材料学院（Nishihara，Hirotomo）	26
		印度	马杜赖卡玛大学	物理学院（Silambarasan，D）	12
	石墨	中国	中科院	长春应化所（Liu Yaqing）固体物理所（Zeng Zhi）	30
		新加坡	南洋理工大学	（Pumera，Martin）	15
		中国	吉林大学	汽车材料重点实验室（Yan Jun-Min）	14
		印度	印度技术研究所	印度理工学院	13
		美国	能源部	橡树岭国家实验室（Cooper，Valentino R.）	13

4.3 储氢容器

根据储氢方式的不同，储氢容器主要包括高压气态储氢罐、液氢罐、金属氢化物储氢罐、复合储氢罐以及气态固态储氢罐。

4.3.1 高压储氢罐

高压储氢罐是一种已经商业化的储氢技术，虽然它结构简单和所需附件少，目前工业上标准氢气的压缩钢瓶气压一般为 35MPa 大气压，相当于 22.9kg/m³ 的氢气密度；在 70MPa 下，氢气密度可达到 39.6kg/m³。如图 4-8 所示，高压储氢容器，主要经历了金属储氢容器、金属内衬纤维环向缠绕储氢容器、金属内衬环向＋纵向缠绕容器和螺旋缠绕容器、全复合塑料内衬储氢容器四个阶段。

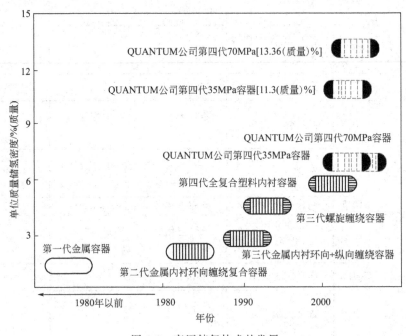

图 4-8　高压储氢技术的发展

金属储氢容器由对氢气有一定抗腐蚀能力的金属构成。由于金属强度有限，为提高容器工作压力，只能增加容器厚度。但这会增加容器的制造难度，且容易造成加工缺陷。同时，金属材料密度较大，容器质量大，单位质量储氢密度较低。

为了提高容器的承载能力，并减轻质量，采用了金属内衬纤维缠绕结构。该结构中金属内衬并不承担压力载荷作用，仅仅起到盛装氢气的密封作用。内衬材料通常是不锈钢或铝合金。压力载荷由外层缠绕的碳纤维、玻璃纤维或者碳纤维—玻璃纤维混合纤维承担。由于纤维强度大大高于普通金属，且比体积小，可以减轻容器的质量。受到纤维缠绕工艺的限制，该技术也经历了从单一环向缠绕，到环向＋纵向缠绕，再到多角度复合缠绕的发展过程。随着纤维质量的提高和缠绕工艺的不断改进，在提高容器承载能力的同时，减轻了容器的质量。

全复合纤维缠绕结构除减薄纤维增强层厚度外，通过减轻内衬质量，也能进一步减轻容器质量，提高单位质量储氢密度。通过结构优化设计，改进加工工艺，现已开发出工程热塑料内衬结构的全复合纤维缠绕结构。内衬采用具有很好阻隔性的工程热塑料。这种结构的缺点是：抗外部冲击能力低；随着温度和压力增大，氢气等气体的渗透量增大，与金属接嘴连接处往往是薄弱环节，易泄漏。但是，工程热塑料材料具有质量轻、易于加工成形、耐腐蚀、耐冲击、机械性能好、价格较低等优点，且经过一定的处理以后对氢气也具有较好的阻隔性。以HDPE（高密度聚乙烯）内衬为例，比铝质内衬复合结构气瓶减重30%，制造成本只有金属内衬的50%。因此，全复合纤维缠绕结构是轻质高压储氢容器的一个主要发展方向。

碳纤维复合材料组成的新型轻质耐压储氢容器（图4-9）：铝内胆外面缠绕碳纤维的材料。这种储氢罐重量轻，可耐高于75MPa的氢气，但机械强度还存在可开发的空间。

4.3.2 液化氢气储罐

液化氢气储罐是将氢气储存在20.3K温度和一个大气压下的制冷罐中，其储氢密度可达70.8kg/m³，几乎是压缩氢气在7×10^7Pa的39.6kg/m³的两倍。液化氢气储存技术是另一种商业化了的技术。18加仑的液化氢装置可储存5kg的液态氢，能使一般的燃料电池汽车行驶300英里。液化氢气的优点是加氢时间短，相对于压缩氢气感觉上要安全点，同时有利于运输。一个制冷液化氢卡车可运输3370kg液化氢，比压缩氢气要多出10倍以上。然而液化过程需要消耗很多能量，在储存中液态氢极易气化而漏掉。

氢气的液化过程（把氢气从室温冷却到20.3K）包括高压、热交换制冷等一系列的焦耳-汤姆逊循环。液态氢的储存需要高度制冷的绝热罐。为了减少热从外界传入绝热罐，罐壁上通常装有三十层以上的隔热层，隔热层之间的接触点越少越好以减少热传导所导致的损失。不管怎样，热量从外界传入绝热罐内部是不

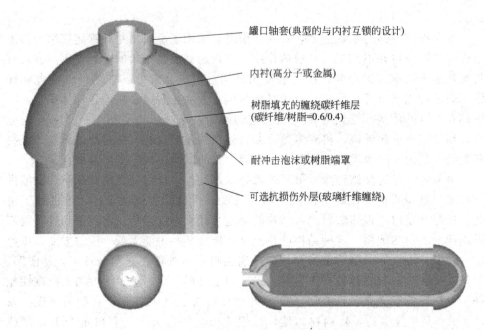

罐口轴套(典型的与内衬互锁的设计)

内衬(高分子或金属)

树脂填充的缠绕碳纤维层
(碳纤维/树脂=0.6/0.4)

耐冲击泡沫或树脂端罩

可选抗损伤外层(玻璃纤维缠绕)

图 4-9　轻质高压储氢罐结构示意图

可避免的。因此绝热罐的内压随着热量的传入而升高，造成氢的气化。通常有两种方法来消除这种影响：一种是再制冷，也就是说在绝热罐外层注入液化空气，当然需要一些能量；另一种就是在绝热罐上加入保护气压阀，随着压力的提高，氢气也随之排掉以保护绝热罐。这两种方法均不能排除液化氢的损失。即使用液化空气保护，液氢的气化率也会达到每天 4%。图 4-10 是美国林德公司生产的液氢罐的结构示意图。氢的气化也来源于液体在罐中的流动，具体表现在车用液态储氢罐上。各种振动加速液氢的气化。由此可见，液化储氢并不是一个最好的储氢方法，其能量之平衡得不偿失。液化氢气通常需要热交换器加热至室温后才能用在燃料电池或氢气内燃机上，这对整个系统平衡来说无疑是另一得不偿失的附件。

4.3.3　金属氢化物储氢罐

　　世界上第一台金属氢化物储氢装置始于 1976 年，采用 Ti-Fe 系储氢合金为工质，储氢容量为 2500L。经过三十几年的发展，金属氢化物储氢装置已经逐步完善，在许多领域如氢气的安全储运系统、燃氢车辆的氢燃料箱、电站氢气冷却装置、工业副产氢的分离回收装置，氢同位素分离装置、燃料电池的氢源系统等领域得到了实际应用。其由储氢材料、容器、导热机构、导气机构和阀门五部分组成，装配如结构示意图 4-11 所示。

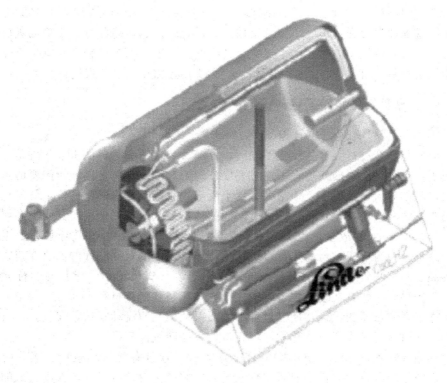

图 4-10　液氢储氢罐结构示意图

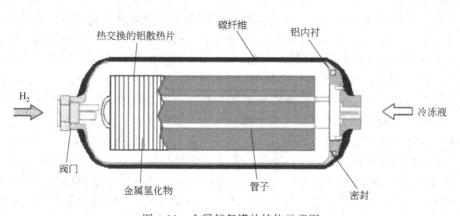

图 4-11　金属储氢罐的结构示意图

目前常用于燃料电池储氢罐的材料有：AB_5（Ca-Mm-Ni-Al，Mm-Ni-Mn-Co）、AB_2（如 Ti-Cr-Fe，Ti-Zr-Cr-Fe，Ti-Zr-Cr-Fe-Mn-Cu，Ti-Mn-V，Ti-Zr-Mn-V-Fe）、AB_5（如 Ti-Fe-C，Ti-Fe-Ca，Ti-Fe，Ta，Ti-Fe-Mm）、AB_3 型储氢合金，A_2B 镁基储氢合金以及 V 基固溶体。以 AB_5 型合金为储氢介质的储氢

罐可在室温条件下正常工作，AB₃型储氢合金在储氢罐中的应用尚未有关文献报道，其他体系合金材料吸放氢温度较高，活化较困难，需要进一步降低吸放氢温度，改善吸放氢动力学性能才能完全达到使用要求。而配位轻金属氢化物作为新型储氢材料，研究工作才刚刚开始，实际应用还需要很长一段时间。

（1）金属氢化物储氢罐的设计

① AB₅型和AB₂型储氢罐设计、结构

储氢合金在进行吸放氢反应的同时，伴随着热量的变化，储氢装置既是一个反应器，也是一个热交换器，反应过程中产生的热量向外部传递，所需要的热量也要由外部导入，热量的传递很大程度上决定了吸放氢反应的速度。金属氢化物床的热导率和金属氢化物与反应器床之间的传热系数通常很低，尤其是当金属氢化物经过反复的吸/放氢反应后，因为产生形变逐渐粉末化，有效导热系数更进一步降低，使得反应进行的热量不能快速传导。因此，获得较好的储氢性能，必须提高（改善）氢化物床的有效热导率。为了改善氢化物粉体床传热、传质性能，各国科学工作者在氢化物容器的优化设计和制备复合材料方面做了大量的研究工作。在储氢器的设计和使用过程中，要保证氢气的流动畅通，有效地进行热交换，同时考虑增大金属氢化物的填充量，提高储氢比容量。

热质传递强化设计：由于储氢合金储放氢过程具有显著热效应，吸氢时放热，而放氢时吸热，因此金属氢化物储氢装置的结构设计应保证装置内有效的热交换和氢气流动的畅通性。储氢合金粉末的热导率一般为 $0.2\sim2W/(m\cdot K)$，导热性几乎与玻璃相同。为了提高储氢合金粉末床体的传热性能并强化装置内外的热交换，一般通过在装置内部安置具有一定结构的换热部件，同时在储氢合金粉末中添加一定比例的导热材料。例如，对于金属镁的氢化反应，提高反应速率的方法是将 MgH_2 球磨处理并向其中加入少量 Nb_2O_5，在150℃时，30s内氢质量分数将超过 5.0%。该过程将在短时间内产生 2kW 的热量，要保持样品室温度的恒定，有效的热管理至关重要。具体采用改善热质传递的主要方法是，学者研发了各种不同的反应器，以强化快速的传热过程。在早期，Akiba 等采用了一个内部试样层厚度仅为 1mm 的容器，该设计使得 Mg-Ni 合金反应过程中温度变化在 5K 之间。将粉末试样平均分布在不锈钢管和同轴滤波管之间的环形区域也能达到较好的传热效果。为了维持一个统一的样品分布，Wang 等选择仅填充少部分环形区域，从而保证在反应稳定后温度偏差保持在 ±0.1K 之内。另外一种减少温度梯度的方法是将金属氢化物与惰性金属机械混合以增加试样的热容。不过，为了得到充分的绝热条件，金属碎渣的质量分数必须非常大，最高可达到97.5%，这将导致显著的氢气流动阻力。另外，碎渣的粒径大小也是一个重要参数，颗粒太小，良好的传热将会和较大的氢气流动阻力相抵消。

储氢罐内部可以采取特殊的结构，增加储氢器与外界环境接触面积，以改善储氢装置的传热性能。台湾汉氢科技股份有限公司提出了一种具有较佳热传效率的储氢装置，储氢罐为一长轴，采用分隔物将罐体分为几个隔间，分隔物具有一方形蜂巢式结构或扇形蜂巢式结构，巢室的内壁与储氢罐的长轴相垂直，有利于氢气的进出。蒋利军等人在储氢合金粉中混入导热剂、抗板结剂，还将若干散热片镶套于容器外边，热交换效率明显提高。S. Mellouli 在储氢罐中放入螺旋形热交换器，减少了吸放氢时间。同时发现，在一定的温度下，储氢罐吸氢速率和储氢量随氢源压力的增加而增大，冷却液的温度对储氢时间及吸放氢速率有显著的影响，氢化过程的长短与热交换面积的大小有关。图 4-12 给出了一个样品质量为 $1\sim 2g$ 的反应器设计示意图。反应器由不锈钢制成，可加热到 $400℃$。试样粉末放置在不锈钢壁内的一个柱状狭缝内，宽度只有 $1.25mm$，这样可以在热源和整个试样进行良好的热交换。直径 $0.5mm$ 的热电偶直接接触样品粉末，可更准确地测量出样品温度。反应器末端用一个手动阀封闭，这样可以向反应器中充入惰性气体，以阻止空气对样品的影响。

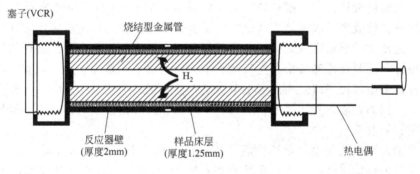

图 4-12　反应器设计示意图

金属氢化物粉末的典型粒径尺寸一般为 $50\sim 100\mu m$，在 $10\sim 100$ 个反应周期后，合金粉化至平均粒径大小为 $1\mu m$ 左右。比较好的金属氢化物粉末通常的导热系数都很低，大概在 $0.1W/(m\cdot K)$。一般可通过扩张面积，如增加翅片、泡沫及网状设计，或将金属氢化物与高导热性固体材料，如铜、铝、镍等固定在一起对金属氢化物反应床强化传热传质。

在一种基于多孔金属泡沫设计的金属氢化物储氢箱中，反应器被金属板分隔成多个小区间，每个区间都填充金属泡沫、金属滤网以及 U 形冷却管。泡沫材料一般都是铝制的，它能够为金属氢化物粉末提供支撑，同时可以强化内部的换热。泡沫一般占据大约 6% 的体积、而金属氢化物粉末占据大约 80% 的空间，剩下的空间是为床层膨胀而预留的。

最近的实验研究发现，将石墨与金属氢化物混合有利于强化换热。将石墨加热使其体积膨胀，然后将膨胀的石墨和金属氢化物粒子进行均匀混合，2.1%（质量）的膨胀石墨可以将金属氢化物粉末的导热率从 0.1W/(m·K) 提高到 3W/(m·K)。

合金粉末的导热效率很大程度上依赖于微粒之间的触点热阻。当粒子相互被压缩而紧密接触时，接触面积和导热效率就会增加。因此，内部压力高的微粒反应床比那些松散布置的反应床导热效率更高。然而，微粒间布置过密的反应床的储氢量却会显著减小。例如，紧密压实的铝氢化物比压紧前储氢量要低 67%。另外，封闭的反应箱在过高的内部压力下可能会发生破裂。一种设计是在密闭反应箱内包含一个活塞式结构。活塞可以预先调整到某个压力值。一旦反应床的内部压力超过了这个压力值，活塞将会向外移动，从而为金属氢化物反应床的膨胀预留出空间来维持一个合适的压力水平，实现足够的内部换热。

需要指出的是，尽管燃料电池工作时的散热量和内燃机相差不多，但是它的操作温度（约为80℃）却比内燃机低很多。通常内燃机的冷却介质工作温度在120℃左右，然而对于一个质子交换膜燃料电池，则冷却介质的温度一般在60～65℃。内燃机散热器与周围环境温差是燃料电池的2～4倍。由于废热最终都是通过散热器排放到周围环境，这也决定了金属氢化物储氢系统必须以空气为散热介质，这使得散热器需要更大的换热面积和更高的空气流动速度。最近的后端散热器设计，同时在冷却效果和空气动力学上展示出了优越性。除了对空气侧的改善之外，采用多程横流式换热器也可以改善散热器的性能。另外的一些换热器强化技术（例如，嵌入变粗糙度换热器、不规则和波形翅片）同样可以使换热器性能得到明显改善。

未来金属氢化物储氢系统性能优化设计可从以下几个方面开展工作：a. 强化系统的传热传质性能，提高系统效率；b. 储氢合金的合理选择以及高性能储氢合金的研制开发；c. 提高金属储氢系统的质量储氢量和体积储氢密度；d. 降低成本，提高金属氢化物储氢系统的竞争能力。

② 镁基储氢合金储氢罐的制备及设计

由于镁镍储氢合金材料充放氢时产生较大的热效应，这种合金材料的应用应该从能量综合利用的角度出发，充分利用其充氢时所放出的热量，以提高能量有效利用率，这就需要在储氢器结构上进行合理设计。从填充储氢合金材料的容器及传热系统看，应继续提高容器的强度，改进传热效率，优化设计，以提高容器的使用寿命，这是因为镁镍储氢合金在充放氢的过程中易粉化，在气流的吹动下粉末逐渐堆积形成紧实区，会增加了氢气流动的阻力，也会导致容器破坏；同时粉末状氢化物导热性能差，使反应器内部热量传输缓慢，从而降低镁镍储氢合金的充放氢速率，因此从某种意义上讲，提高粉末状氢化物的传质、传热性能直接关系到储氢材料的充放氢性能的改善。另外填充方式也是提高储氢器寿命的很重要的因素。目前，由哈尔滨工业大学材料学院王尔德教授领导的课题组所承担的黑龙江省科技攻关项目"纳米晶镁合金蓄热式储氢器传质传热研究"通过专家组鉴定。该项目研制的蓄热式储氢器能够充分利用吸氢时放出的高能热量，实现能量综合利用，降低储氢器运营成本，使储氢器能源综合利用率达到80%左右。另外，为了能够达到应用具有较大储氢容量的镁基材料的目的，有些研究工作者曾尝试用联合应用储氢材料的方法，以克服镁基材料在应用方面的不足。如联合使用 FeTi-Mg_2Ni 等，有公司开发的 FeTi-Mg_2Ni 联合应用方案就是利用汽车发动机废气的余热来加热 Mg_2Ni 使其放氢。另一种比较直接的方法就是在储存材料的容器箱内留有少量氢气，放氢时点燃氢气，用其燃烧产生的热量来达到放氢的目的。有人设计的装置，使用镍包覆的镁作为储氢合金，储氢量最大为6.5%，用于燃烧掉的氢气占总储量的57%，所以实际储量等于2.8%。

（2）储氢罐的温度控制方式

① 以希腊的 RES2H2 采用的金属氢化物储氢罐的温度控制方式为例

希腊 RES2H2 项目采用的金属氢化物储氢罐（图 4-13）在吸氢过程中，罐体采用水冷方式。对于20℃水温的冷水，每小时将消耗 $0.8\sim1m^3$，为了避免冷水的消耗，采用了闭路循环冷却水。而在放氢过程中，则采取 4kW 沸水器加热的方式。在罐体外围有个闭合的热水回路由电磁阀控制，流动沸水器加热到75℃的热水。而冷水回路由两个电磁阀单独控制，在金属氢化物系统的进出口水温可以调节并且将数据传送到数据库系统。金属氢化物的放氢温度在50～60℃，因此进入气体压缩装置入口的氢气的温度的不能超过40℃。否则，氢将50～60℃由铜线圈里的空气冷却至40℃。

图 4-13 RES2H2 项目采用的金属氢化物储氢罐

② McPhy-Energy 储氢罐的温度控制方式

McPhy-Energy 公司（德意志迈克菲能源有限公司）的金属氢化物储氢罐所用的储氢材料采用高能球磨制备得到的 Mg 纳米粉。经检测，MgH_2 作成的盘状，其循环型非常好，成功经历 4000 个吸放循环而没有任何损耗，并且动力学性能也几乎没有变化。由于材料的吸放氢的温度较高,因此需要配有温控系统和热交换系统,如图 4-14 所示。

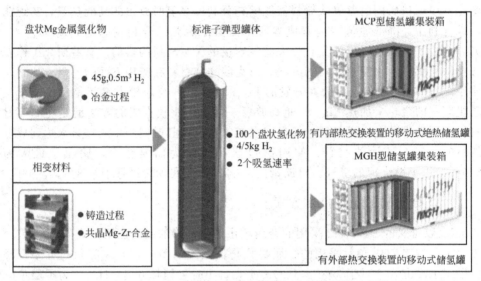

图 4-14 McPhy-Energy 公司的金属氢化物储氢罐示意图

有色金属研究总院蒋利军等由 $190\sim380\mu m$ $TiV_{0.41}Fe_{0.09}Mn_{1.5}$ 快淬合金和一定量金属纤维压制而成 MH500 型金属氢化物储氢装置(图 4-15),床体的导热系数为 $3.0W/(m \cdot K)$,内部不含流体导热管,即储氢装置与外界只进行空气换热。为保证装置内部氢气流动畅通,在装置的中心部位贯通放置气体导流管。图 4-16 为该储氢装置经过 3600 次全充/全放氢(20℃、3.0MPa 的氢压下充氢,

图 4-15 MH500 型金属氢化物储氢装置

50℃放氢）后的循环容量保持率曲线。由图 4-16 可见，储氢装置经过 3600 次循环后的储氢容量依然保持达到 94％以上。

图 4-17 为日本设计的储氢罐及其装配图，从中可以看到，该储氢合金在 32℃吸氢，12℃下放氢，采用控制循环水温度来控制罐内的温度。

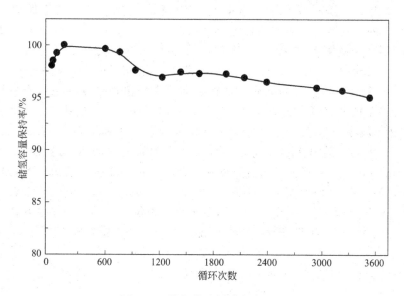

图 4-16　储氢装置循环寿命曲线

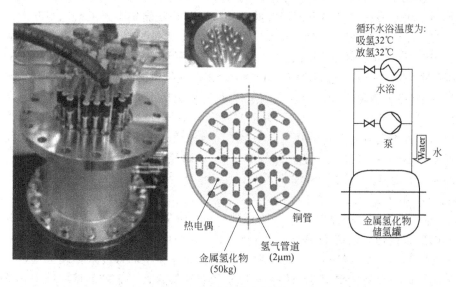

图 4-17　储氢罐及装配图

（3）商业金属氢化物储氢罐

1996 年日本丰田公司开发出世界上第一套质子交换膜燃料电池（PEMC）电动车用金属储化物储氢罐，在该储氢罐中，合金重量约 100kg，储氢量约 2kg。开发出的新型钛系储氢合金，可能为镁钛系合金，其储氢能力是传统 $LaNi_5$ 合金的 2 倍以上。日本三洋电器公司采用 $Mm_{0.82}Y_{0.18}Ni_{4.95}Mn_{0.05}$ 金属氢化物储氢器，为便携式 250W 燃料电池提供氢源。德国奔驰公司和日本松下公司开发出 $Ti_{0.9}Zr_{0.1}CrMn$、$Ti_{0.8}Zr_{0.2}Mn_{1.2}$ 等 AB_2 型储氢合金，储氢量（质量分数）为 1.8%～2.0%。国内天津海蓝德公司对燃料电池要求储氢合金低温放氢的性能开展了低温储氢合金的开发，先后开发出可在 0～10℃具有很好放氢性能的 AB_2 和 AB_5 两个系列合金，储氢量（质量分数）达到 1.8%～2.05%，氢释放量达到最大储氢量的 93%。可在环境温度下无需外部加热，最大放氢速率达到 16.3SL/min。北京有色金属研究总院的金属氢化物储氢罐装填的是可以在低温稳定放氢的 $Ti_{1-x}Zr_x(MnCrVFe)_2$（$x=0.01～0.03$）。日本岩谷产业公司和美国 MPD 公司合作，首先推出一种商用金属氢化物氢集装箱。该集装箱由每台各 70Nm³ 储氢量的 6 台储氢器并联组成，置于一辆 4.5 吨卡车上，共输氢 420Nm³。该储氢器使用 AB_5 型合金，设计工作压力为 5MPa。据称，该集装箱输运氢气能力比筒状高压容器一次所能输送的 280m³ 提高 50%，运输成本降低 30%，安全性比压力容器有很大提高。

随着社会需求的增长和科学技术的进步，燃料电池的应用越来越广，因此世界各国争相开展有关燃料电池氢源储存用金属氢化物储氢容器的研制与开发，目前生产 AB_5 型储氢合金氢化物储氢罐的厂家主要有加拿大 Palcan 燃料电池公司、美国 Ovonic 公司、德国的 UDOMI 公司、莱伯泰科有限公司以及我国的天津海兰德公司，产品规格主要有 10～2000mL，储氢罐的重量储氢密度为 0.9%～1.0%。日本大阪氢工业研究所的多管式大气热交换型固氢装置，用 672kg 钛基储氢合金，可储氢 134m³，储氢率为 1.78%，氢压 3.3～3.5MPa。德国曼内斯曼公司、戴姆勒奔驰公司采用 7 根直径 0.114m 管式内部隔离，外部冷热型固氢装置，用 10 吨钛基储氢合金，储氢 2000m³，储氢率为 1.78%，氢压 5MPa。这里的钛基合金在放氢时，需加热较高的温度。台湾汉氢科技股份有限公司（H Bank Technology Inc.）是固态储氢器设计制造与氢能技术支援的领导厂商。H Bank 亦已成为全球固态储氢器领导品牌。上海纳锗仪器有限公司，作为 H Bank 的国内独家代理，销售 H Bank 的所有产品。其 HB-SC-0660-N 型储氢器（形貌见图 4-18），以 AB_5 储氢合金能够吸收以及释放氢原子的特性来存放氢气，形成稳定的金属氢化物。储氢合金能将氢原子稳定地储存在合金的晶格间隙中，达到固态氢的储存状态，因此 HB-SC-0660-N 在正常室温范围能够稳定地运作。本系统是目前所知储存氢气最安全的方法。将高危险的氢气以固态氢的方式储存，经枪击爆破测试，仍然不会爆炸，显示百分之百安全。储氢合金释放氢气的原理与一般高压钢瓶不同，氢气是在储氢合金固定平台保持氢气的特性下温度而平缓地释放，即使在本系统外所连接的管线或仪器系统有泄漏，HB-SC-0660-N中的氢气也只会缓慢释放长达几小时。HB-SC-0660-N同时具备提升纯化氢气的功能，将99.99%的氢气存入本系统后，再释出时的氢气即能纯化成为99.9999%。

图 4-18　HB-SC-0660-N 型储氢罐

HB-SC-0660-N型储氢罐的技术参数如表4-8所示，主要特点如下。

◆本产品内含之储氢材料使用本公司发明专利 AB5 合金，储氢量达 1.65%（质量），吸放氢压力平缓稳定，具良好之动力学性能，使用次数达 3000 次以上；

◆采用特殊填料技术，以确保储氢材料在罐氢材料内之稳定性及罐体本身之强固不变形，因此可长期使用；

◆罐体出口端均装置不锈钢滤材，以有效防止合金粉末外逸；

◆罐体材质采用 SS316L 或 SS321 高级不锈钢，以确保其耐受性与可靠度；

◆一般使用下为空气自然对流方式达到热交换效果；

◆整机结构由罐体、配管管路、阀门及外框组成，均使用抛光不锈钢组件整合设计而成，品质稳定，可靠度高，吸放氢性能优异。

表 4-8　HB-SC-0660-N 型储氢罐技术参数

参　　　数	HB-SC-0660-N
储氢容量/L	660±5%
原料氢纯度/%	≥99.99
吸氢压力/MPa	4.0～5.0(25℃)
吸氢环境温度/℃	0～35(推荐≤25℃)
放氢压力/MPa	>0.1,≤2.0(25℃)

参　数	HB-SC-0660-N
放氢纯度/%	≥99.9999
放氢流速/(L/min)	<2.0(25℃)
使用环境温度/℃	5~60
热交换方式	空气对流/水浴
阀门形式	Swagelok SS316 型针阀
系统尺寸(长×宽×高)Dimension($L×W×H$)/mm	750D×360L
整机重量/kg	<6.1

丰田自动车株式会社研制了一种使用储氢罐的方法，这种方法是从内置有氢吸存材料的储氢罐提供氢给燃料电池系统。其中，当从所述氢吸存材料释放氢时，燃料电池系统使用冷却所述燃料电池后的热介质加热氢吸存材料。这种方法的特征是，在不低于燃料电池稳定工作时所述热介质达到的最高温度的温度下，并且在不低于氢吸存材料的平衡压力的压力下，对所述储氢罐填充氢气，在低于填充完成时氢吸存材料的温度下，从所述氢吸存材料释放氢。

Toyota Central R & D Labs. 研制了 3.5kg 和 7.3kg 储氢容量的金属氢化物储氢罐，罐的重量分别为 300kg 和 420kg。分别采用 Ti-Cr-V 和 Ti-Cr-Mn（AB_2 laves phase）作为储氢材料。其技术参数如表 4-9 所示。

表 4-9　储氢罐的技术参数

项目参数	低压金属氢化物储氢罐(Ti-Cr-V)	高压储氢罐	高压金属氢化物储氢罐(Ti-Cr-Mn)
罐体容量/L	120	180	180
储氢容量/kg	3.5	3	7.3
罐体重量/kg	300	<100	420
吸氢时间/min	30~60	5~10	5
低温放氢	308K 以下困难	可行	243K 以上可行
可控性	难	易	易

（4）ECD Ovonic 的低压固态储氢系统

ECD Ovonic 的低压固态储氢系统在具体的实车测试中被证明是高效而可行的。在一项丰田 Prius 混合动力车（汽油发动机＋蓄电池）改装成以氢为动力的混合动力车的示范项目中，ECD Ovonic 的储氢系统被采用。该储氢系统的主要组成部分为储氢罐和热交换系统。一个用轻质碳纤维包卷形成的储氢罐，其内部的容积为 50L，所含的金属氢化物可储存约 3kg 的氢气。整合的热交换系统，在充氢气过程中，需要将设在充氢站中的一个冷却系统连接到储氢容器上，以便达到散热的功能。当汽车行驶时，发动机产生的热量经由其冷却系统传到储氢容器内，其热量足够将氢从储氢合金材料中释放出来，通过导管传入发动机里燃烧，其结构示意图见图 4-19。

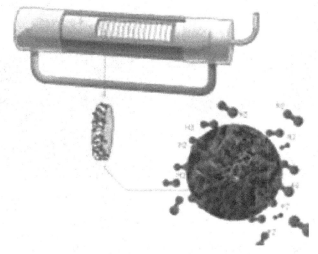

图 4-19　ECD Ovonic 的低压固态储氢系统结构示意图

图 4-20 是各个公司的代表性产品。

(a) 天津海蓝德生产,10L,高9.5cm,重100g,可容纳
0.9g约10L常温常压氢气。售价8千元。

(b) 芬兰Oy Hydrocell公司制造,重量2.5kg,常温
常压下可容纳230L氢气。售价5万元

(c) 美国Ovonic公司制造,重量6.5kg,常温
常压下可容纳765L氢气。售价6万元

(d) 芬兰Oy Hydrocell公司制造,重量11kg,常温
常压下可容纳1200L氢气。售价13万元

图 4-20

(e) 北京有色研究总院制造　　　　　　　　　(f) 北京浩运公司制造

图 4-20　各个厂商的金属氢化物储氢罐

还有一些国际上研发和主要制造单位如表 4-10 所示。

4.3.4　复合储氢罐

　　轻质高压储氢容器能够满足其重量密度，但是体积太大，而普通的金属氢化物体积密度很小，但是目前实用的金属氢化物的重量密度很难超过 3.0（质量）％。在 2003 年，日本国家综合产业技术研究所的 Takeichi 等人首先提出了轻质混合高压储氢容器（Hybrid hydrogen storage vessel）的概念，如图 4-21 所示。其该混合储氢罐由轻质高压罐和储氢合金反应床联合构成。高压罐是铝-碳纤维复合材料罐，储氢合金采用的是 LaNi$_5$ 体系。将金属氢化物装入高压容器内，通过调整储氢合金的装入比例来调整混合容器的体积和重量储氢密度。随着装入容器内的储氢合金的体积分数的增加，系统体积不断减小，而系统的重量增加，特别是在小于 20％之前，系统的体积降低得十分明显，但是当大于 30％后，曲线开始变得平缓，对于这种混合储氢容器储氢合金的体积分数最好不能超过 30％。

　　作为高压储氢合金必须要有大的质量储氢密度和放氢量，这样才能保证有足够的氢用量，金属氢化物具有高的分解压也是不可或缺的重要条件，一方面在较低的温度环境下就可以得到需要的氢气，另一方面从热交换的角度，分解压提高，放氢过程中的反应热降低，吸放氢时的热交换就更加容易。此外，良好的动力学性能和平台性能也不可忽略。D. Mori 等人对高压储氢合金的研究提出了以下几个目标：①质量储氢密度大于 3％；②合金形成氢化物的生成热，即生成焓＜20kJ/mol；③合金在 243K 吸氢时的平衡压低于 35MPa，在 393K 放氢平衡压高于 1MPa。其结构示意图如图 4-22 所示，在这里，提出 high-pressure MH tank.

表 4-10 世界各国金属氢化物储氢容器性能一览表

制造单位	名称类型	储氢量 /m³	储氢合金	备注
步鲁克海文国家研究室（美国）	内部冷热型	70 260	TiFe 400kg 1.56% $TiFe_{0.9}$ $Mn_{0.1}$ 1700kg·1.36%	直径 300mm，氢压 3.5MPa 直径 660mm，氢压 3.4MPa
曼内斯曼公司·戴姆勒奔驰公司（德国）	内部隔离，外部冷热型	2000	$Ti_{0.98}$ $Zr_{0.02}$ $V_{0.43}$ $Fe_{0.09}$ $Cr_{0.05}$ $Mn_{1.5}$ 10t 1.78%	氢压 5.0MPa，温度 100℃ 7×φ114.3mm
大阪工业技术试验所阳光计划（日本）	内部设隔离壁型	16	$MmNi_{4.5}$ $Mn_{0.5}$ 106kg，1.34%	250×φ750mm，氢压 0.8MPa，温度 80℃
日本化学技术研究所（日本）	内部冷热型	240	$MmNi_5$ 系合金 1200kg·1.78%	三合容器，高压 5MPa φ350·中压 2MPa φ500·低压 1MPa φ500.80℃
川崎重工业研究所（日本）	内部冷热型	175	Ln-Ni-Al 合金 1000kg·1.56%	氢压 0.7MPa
川崎重工业研究所（日本）	内部冷热型	20	$MmNi_{4.5}$ $Al_{0.5}$ 120kg·1.48%	直径 165mm·长度 2280mm
大阪氢工业研究所（日本）	多管式·大气热交换型	134.4	Ti-Mn 系、TiFeMn 系、672kg，1.78%	氢压 3.3~3.5MPa·常温

续表

制造单位	名称类型	储氢量 /m³	储氢合金	备注
新日本制铁研究所（日本）	内部冷热型	68	$Ti_{0.95}FeMm_{0.08}$ 400kg,1.5%	直径381mm,长1955mm;温度85℃,氢压3MPa
日本岩谷产业公司	大气热交换型	70	Mm-Ni-Fe 480kg,1.3%	16根Al合金管,$P=0.2MPa$,流量7M³/h
日本共同氧气公司	车用	11.3	$MmNi_{4.5}Mn_{0.5}$ 70kg,1.44%	压力容器 21L,80℃放氢
美国比格格斯公司	车用	141.6 (12.6kg)	TiFe 1002kg,1.26%	储氢容器重400kg,用于19人中面包邮政车
日本重化学工业公司	多管型	1.6	$Fe_{0.94}Ti_{0.96}Zr_{0.04}Nb_{0.04}$ 10kg,1.42%	在Al发泡体中填充合金粉,放氢速度80L/min
日本松下电器公司	多管型	2.9	$TiMn_{1.5}$,7.7kg	28根φ25.4Al管构成（带翅片）
德国曼内斯曼公司	车用	17	Ti-V-Fe-Mn合金 80kg,1.89%	1005mm×380mm×145mm,总重140kg,0.2MPa

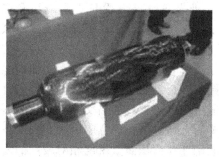
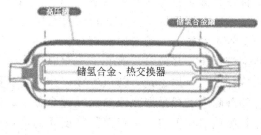

图 4-21　混合储氢罐外形图

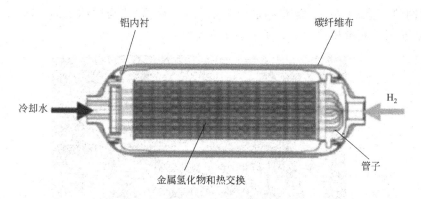

图 4-22　高压金属氢化物储氢罐示意图

　　表 4-11 对低压氢化物储氢器与高压氢化物储氢器的性能作了比较，无论是从储氢量，还是储氢器本身的重量比较，高压储氢无疑优于低压储氢，吸氢时持续提供冷却系统以及高于 308K 才开始放氢，这在实际中很难得到推广运用。

表 4-11　低压与高压氢化物储氢罐性能的比较

项目参数	Ti-Cr-V 低压氢化物储氢器	高压氢化物储氢器
储氢量	3.5kg	3.0kg
储氢器的质量	300kg	<100kg
储氢器的容积	120L	180L
充氢时间	30~60min(需要持续冷却)	5~10min
低温环境的放氢情况	低于 308K 很难放氢	任何温度均可放氢
可控性	难以加速	可控性好
安全性	低压(1MPa)	高压(35MPa)

　　日本 Samtech 正在开发将高压罐与储氢合金合而为一的复合罐（图 4-23）。

这种复合罐是日本汽车研究所、日本重化学工业及 Samtech 受日本新能源及产业技术综合开发机构（NEDO）的委托联合开发的，它采用在高压罐中设置储氢合金管芯的结构。管芯中充填有粒状储氢合金，并安装有配管（热交换器），这些配管用于在释放氢气时通入温水以及为消除吸留氢气时产生的热量而向四周通入冷却水。其思路是，使氢气吸留在粒状的储氢合金上，使高压氢气填入储氢合金的缝隙中。通过温水或热水促进合金吸放氢过程中与外界的热交换。利用高压储氢吸放氢速度快、重量储氢密度高的优点及固态储氢体积储氢密度大、安全性能好的特点，综合两者的优势，得到重量储氢密度和体积储氢密度相对较高的复合装置。此次开发的复合罐中的储氢合金，采用了以往 NEDO 委托研究项目中开发出的 V-Ta-Cr 合金。首次试制品的内容积（不含管芯）为 40.8L，总重量（不含阀门）为 89.6kg，氢存储量为 1.5kg（计算值），与同体积的 35MPa 容器的 1.0kg 氢存储量相比，达到了后者的 1.5 倍。

图 4-23　NEDO 开发的复合储氢罐

在复合罐方面，丰田也正在进行开发。该公司以往公布的性能数据显示，采用有效氢吸留量为 1.9 质量百分比的 Ti-Cr-Mn 类储氢合金、以 35MPa 的压力向体积为 180L 的罐中充填氢气时，可注入最多 7.3kg 的氢气。这相当于同体积的 35MPa 罐的 2.5 倍，即使与 70MPa 罐相比，也相当于其 1.7 倍的容量。不过，在罐的重量方面，与 35MPa 罐为 100kg 以下的重量相比，复合罐则达到 420kg，重了 4 倍多。浙江大学的葛红卫开发了一种复合储氢装置，采用储氢材料作为介质，制造了 40MPa 的轻质高压气瓶，在内部装填储氢容量质量分数为 1.6% 的 $(Mm-Ml)_{0.8}Ca_{0.2}(Ni-Al)_5$ 储氢合金后，当体积为 20% 时，复合式储氢容器的体积储氢密度与单纯的高压储氢相比，增大 50%。张沛龙等发明了一种复合储氢系统，由一级金属氢化物储氢罐、二级高压储氢罐、散热器和温度传感器组成。散热器在一级储氢罐内，和内壁紧密接触，散热器内部为弓字形通路或加入金属翅片形成扇形结构，可提高储氢合金粉和氢气的接触面积，温度传感器插入到储氢合金粉内部，可实时监测温度；2个储氢罐之间以管路和阀门连接，通过阀门来控制氢气的对流。该系统具有较高的体积储氢密度、重量储氢密度，可有效提高储氢装置的热交换效率，实现快速充放氢。

随着质量储氢密度更高的高吸放氢平台合金材料的不断开发，气-固复合储氢方式展现出了较好的发展前景。然而，这一储氢方式尚存在许多制约因素：一是，为提高质量储氢密度，高压容器多采用全纤维缠绕结构，该类容器要求充放氢时最高温度不超过85℃，而充氢时合金的放热效应与高压氢气充装时的温升效应的协同作用，温度会超过此限制值，劣化纤维增强层树脂材料的性能。若要降低温度效应的影响，需要在储氢容器内部增设换热部件，并设置配套的冷却液循环装置，从而导致系统的质量储氢密度降低。二是，高压氢气加注过程中，容器内会形成涡流，若将金属氢化物简单地装填在容器内。强涡流会造成金属氢化物粉末的泛起，降低合金使用寿命；若将金属氢化物置于专门设计的床层结构中，必须要增加额外的附着基体，从而降低系统质量储氢密度，且全纤维缠绕结构容器一旦成型很难再将金属氢化物取出进行活化，因此，在储氢合金充放氢寿命得到大幅度提升前，将这储氢技术推向实用化尚有较大难度。

4.3.5 其他固态储氢罐

（1）NaAlH₄储氢罐

在美国能源部价格分析报告中，表示 NaAlH₄ 储氢罐是可与高压储氢罐相竞争的。其设计结构如图 4-24 所示。可以看到，该储氢罐最外层为隔热材料，向里依次为玻璃纤维、碳纤维、衬垫以及泡沫 Al 组成。内部还有一些不锈钢过滤器以及通导热液体的管道。可用燃料电池的废热来作为放氢能。可以看到该储氢罐能够储存 5.6kg 氢气，详细参数见表 4-12。

德国的赫蒙霍兹沿海研究中心为了 EU STORHY（汽车用储氢）项目研制了一个 8kg 的 NaAlH₄ 储氢罐，罐体外形如图 4-25 所示。储氢材料选用了 $TiCl_3$、$AlCl_3$ 掺杂的 $NaAlH_4$，经在 126℃温度 $1\sim1.09\times10^7Pa$ 氢气流下测试，其材料本身和罐体总储氢密度（储氢材料储存的氢气和罐体内残留的氢气量总和）如图 4-26 所示。可以看到，其材料本身和罐体总储氢密度相差 0.8%。从其罐体的吸放氢循环性能上（图 4-27）可以看到，在测试的 18 个吸放氢循环中具有良好的循环稳定性。

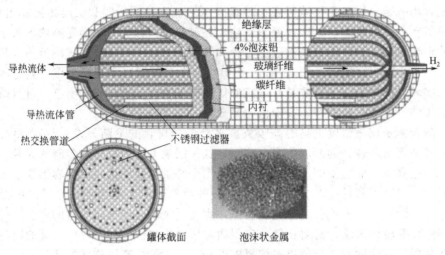

图 4-24　NaAlH₄ 储氢罐设计

表 4-12　NaAlH₄ 储氢罐的设计参数

罐体参数	数据	罐体参数	数据
氢气容量	5.6kg	介质电导率	<1W/mK
NaAlH₄ 储氢质量密度	4%	介质(氢化物)比热容	1418J/(kg·K)
催化剂	TiCl₃	泡沫铝电导率	约52W/mK
催化剂含量	4mol%	泡沫铝比热容	约912J/(kg·K)
粉体堆积密度	0.6	最大压力	1×10^7 Pa
分解热	41kg/mol(H₂)		

图 4-25　8kg 的 NaAlH₄ 储氢罐

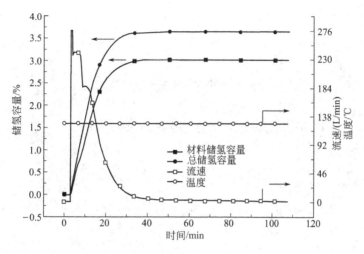

图 4-26　在 126℃ 温度 1～1.09×10^{7}Pa 氢气压下
其材料本身和罐体总储氢密度

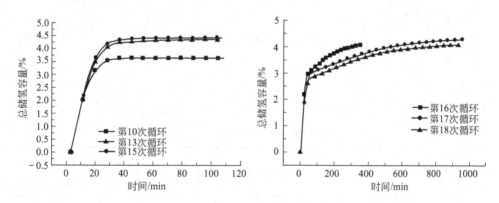

图 4-27　分别在 126℃ 温度的 2～1×10^{7}Pa 氢压下和 160℃ 温度的 2×10^{4}Pa 氢
压下的不同循环次数的吸氢和放氢曲线

（2）MOF 吸附型储氢罐

图 4-28 为美国能源部价格分析报告中关于吸附型储氢罐的设计结构图。该储氢罐是用 AX-21、MOF-177 或 MOF-5 等吸附型储氢材料作为吸附剂制成的。用 Al 做成金属外壳，与内部真空隔绝，由碳纤维、绝缘层内部壳体，AX-21、MOF-177 或 MOF-5 等储氢材料装在壳体内，壳体内装有多条通氢气的管道，可储存 5.6kg 的氢气。所需的各种原材料、参数及成本如表 4-13 所示。

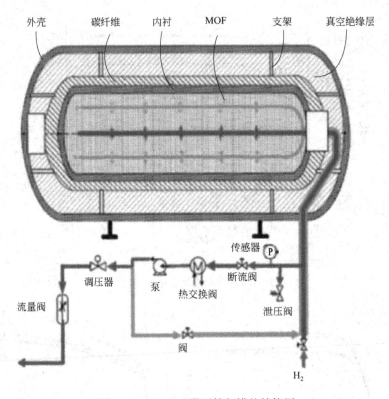

图 4-28　MOF 吸附型储氢罐的结构图

表 4-13　MOF 吸附型储氢罐的设计参数及成分

参数	规　　格		
储氢材料	AX-21	MOF-177	MOF-5
压力和温度	$2.5×10^7$Pa,110K	$2.5×10^7$Pa,110K	$1.5×10^7$Pa,60K
储氢容量	5.6kg	5.6kg	5.6kg
碳纤维	日本 Toray T700s	日本 Toray T700s	日本 Toray T700s

（3）碳纳米管

由于单壁纳米碳管具有纳米尺度的中空孔道，也被认为是以一种极具发展潜力的储气材料。由于目前对纳米碳管的制备还停留在试验室阶段，难以制备大量的高纯度的纳米碳管供科学研究，以对其进行结构表征、性能测试。尽管纳米碳管潜在的高储氢容量十分诱人，但按照美国 DOE 车载储氢的标准要求，特别是单位体积储氢质量，差距还甚远。对此，浙江大学储氢材料研究室曾引用相关技术参数，设计了一个储氢容量为 500L 氢的纳米碳管储氢器。假定碳管在常温和 12MPa 的吸附氢量为 5%（质量），应装填纳米碳管量为 900g；容器采用耐压 15MPa 的、厚 60mm、直径为 3mm 的铝瓶，纳米碳管装料堆比重以 1.125kg/L 计算，那么铝瓶的内容积为 0.8L，实际占位体积为 2.0L，总重（含阀）1500g，如此计算出的单位质量储氢密度约为 3.0%（质量），单位体积储氢密度约为 23kg/m³，这是一个理想的计算数值。显然，如果纳米碳管的吸附氢量在 3.0%（质量）以内，即使不考虑其昂贵价格，与其他技术比较也缺乏竞争优势。

4.3.6 国内外金属氢化物储氢罐生产状况

目前全球做燃料电池的就有好几千家，而做供氢、储氢的只有十几家。从国际上生产的储氢罐数量看（图 4-29），新加坡为储氢罐最大的生产国。储氢罐产业利润惊人，售价高出成本接近十倍之多。全球生产储氢罐的公司不到十家。比如：芬兰的 Oy Hydrocell 公司，美国的 Ovonic 公司，中国的上海清能燃料电池公司，天津海蓝德能源技术发展有限公司等。主要的性能指标为：单位重量储氢密度（1.2~2.0）%（质量）；氢气纯度＞6N（表示 99.9999%）；放氢速度（0.2~3）L/min；单位体积储氢密度：（30~60）kg H_2/m^3；吸放氢压力：可根据用户要求调整。

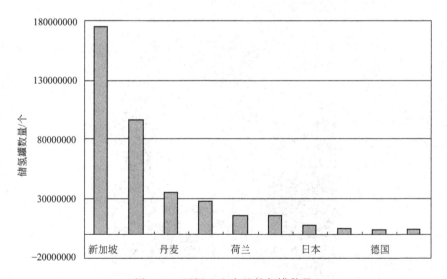

图 4-29　国际上生产的储氢罐数量

燃料电池汽车的车用储氢器必须具有较高的单位质量储氢密度。美能源部认为，车用高压储氢的单位质量密度至少应为 6%，即每立方米储存 60kg 氢气。为了满足汽车 480km 续航能力的要求，一次需储氢 4~7kg。目前小型汽车的车用储氢方式大多采用高压储氢，工作压力为 70MPa 的碳纤维储氢瓶是目前家用汽车的最佳选择，其售价大约为 3000 美元。研究人员正在致力于开发新的材料和制造工艺，以进一步降低储氢气瓶成本。

目前在车载氢气高压储氢罐的研究与开发方面，比较领先的是加拿大的 Dynetek 公司和美国的 Quantum 公司。美国 Quantum 公司与美国国防部合作，成功开发了移动加氢系统——HyHauler 系列，分为 HyHauler 普通型和改进型。普通型 HyHauler 系统的氢源为异地储氢罐输送至现场，加压至 35MPa 或 70MPa 存储，进行加注。改进型 HyHauler 系统的最大特点是氢源为自带电解装置电解水制氢，同时具有高压快充技术，完成单辆车的加注时间少于 3min。美国国防部已经前瞻性地将 HyHauler 系统应用到部分车辆上进行检测。加拿大 Dynetek 公司也开发并商业化了耐压达 70MPa、铝合金内胆和树脂碳纤维增强外包层的高压储氢容器，广泛用于与氢能源有关的行业。2008 年，由浙江大学化工机械研究所郑津洋教授带领课题组研制成功了 $5m^3$ 固定式高压（42MPa）储氢罐（见图 4-30），成为世界上最大固定式储氢罐，它比美国最大的高压储氢罐大 11 倍（美国最先进的技术是把高压储氢罐容积做到 $0.411m^3$）。

图 4-30　浙江大学生产的储氢罐

我国储氢罐生产企业有数十家（表 4-14），企业多为传统的耐压程度相对较低的无缝不锈钢、铝合金等金属制的储氢罐或储氢瓶。这类企业如南通中集罐式储运设备制造有限公司、北京天海工业有限公司、哈尔滨机联机械制造有限公司等公司除生产各类储气罐外，也生产反应罐和气体发生装置等系列产品，储氢罐只是其众多产品之一，单品实际产量并不是很大。

表 4-14 我国储氢罐产业主力企业

企 业	企业性质	产 品
石家庄安瑞科气体机械公司	民营	钢质储氢瓶
上海康巴塞特科技发展有限公司	国有	碳纤维全缠绕复合储氢罐
上海容华高压容器有限公司	民营	铝内胆碳纤维全缠绕复合气瓶
上海舜华新能源系统有限公司	民营	碳纤维缠绕铝内胆储氢瓶
上海奉贤设备容器厂	民营	不锈钢高压储氢罐
南通中集罐式储运设备制造有限公司	合资	高压钢瓶、缠绕瓶
浙江金盾压力容器有限公司	民营	钢制无缝高压氢气瓶
浙江巨化装备制造有限公司	民营	加氢站高压储氢罐
北京浩运金能科技有限公司	民营	金属氢化物储氢罐、高压储氢罐
北京科泰克科技有限责任公司	民营	车用复合高压储氢罐
天津海蓝德能源技术发展有限公司	民营	金属氢化物储氢罐
沈阳斯林达安科新技术有限公司	民营	钢质无缝气瓶、碳纤维全缠绕气瓶
重庆益峰高压容器有限责任公司	民营	钢质无缝气瓶

国内也有部分企业生产相对高端的碳纤维复合材料、轻质铝内胆纤维全缠绕的储氢罐，可提高储氢效率，增大耐压程度，增加储氢百分比。如浙江巨化装备制造有限公司与浙江大学进行技术合作，生产出可耐 75MPa 高压的储氢罐。但这类高端产品也并未出现产业化生产和大量应用，产量很少。

目前，应用于汽车动力电池的合金储氢罐是市场关注重点，虽然我国有稀土资源优势，储氢合金产量已经可达 10000t 左右，是世界最大的生产国，但国内已经产业化生产合金储氢罐的企业数量仍然很少。河南茂旭新能源有限公司、北京浩运金能科技有限公司等企业已经有产品，这类企业普遍在 2010 年后开始生产储氢合金技术储氢罐，生产时间较短，加上下游应用市场发展并未成熟等因素，企业实际产量不大。

整体看，我国各类储氢罐的整体生产仍以传统钢制或铝合金制气态压力储氢罐为主,其他新型储氢罐已经有所生产,但仍未大批量生产和应用。整个储氢罐市场在经济增长带动下保持平稳上升,产量从 2010 年的 10.42 万只上升到 2012 年的 12.14 万只(图 4-31)。

单位:万只

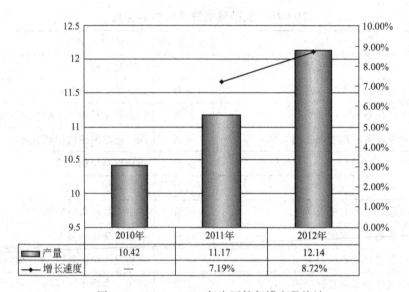

	2010年	2011年	2012年
产量	10.42	11.17	12.14
增长速度	—	7.19%	8.72%

图 4-31 2010~2012 年中国储氢罐产量统计

目前国内有关金属氢化物正处在应用试验、小批量试销和商业化生产阶段。浙江大学开发了集装箱可在氢源所在地回收含氢(45~99)%(体积)的各种工业排放尾气氢并提纯至 4N(99.99%)、5N(99.999%)或 6N 级纯度(99.9999%),然后储运至用氢场所。它由 4 台 85m³ 的储氢容器并列放置,总输氢量为 340Nm³,储氢材料为 AB_5 型 Ml-Ni-Al 合金,共计 2t。集装箱吸放氢操作均用室温自来水,储运时压力仅为 0.5MPa,与 15MPa 高压钢瓶比较,运输效率提高约 30%。图 4-32 所示为浙江大学开发的 340m³(即 4×85m³)氢容量的车载氢化物储氢装置。其内部结构为密堆排列的列管式热交换器,热交换介质为自来水,四台储氢器的进出气口分别并联并用软管与用户系统对接。外形尺寸为 200cm×180cm×50cm,总重约 3t。目前浙大采用 AB_5 型储氢合金做到的整机技术水平是:

• 单位重量储氢密度(1.1~1.2)%;

• 多管列管机型单位体积储氢密度大约 30kg/m³;单管则可达到 40kg/m² 以上。
浙江大学已设计和试制成功 10dm³、100dm³、500dm³、1000dm³、1500dm³、3000dm³、6000dm³、8000dm³ 和 30000dm³ 多种容量与款式的燃料电池氢燃料箱,

并已广泛应用于各种不同应用目的和场合，包括汽车、摩托车、助动车、赛车、游艇以及手提电源和备用电源等。

图 4-32　浙江大学开发的 $340m^3$ 氢容量的车载氢化物储氢装置

虽然我国有稀土资源优势，储氢合金产量已经可达 10000t 左右，是世界最大的生产国，但国内已经产业化生产金属氢化物储氢罐的企业数量仍然很少。河南茂旭新能源有限公司、北京浩运金能科技有限公司、天津海蓝德公司等企业已经有产品，这类企业普遍在 2010 年后开始生产储氢合金技术储氢罐，生产时间较短，加上下游应用市场发展并未成熟等因素，企业实际产量不大。北京浩运金能科技有限公司生产的金属氢化物储氢罐具有快速、大流量放氢性能，可为各种规格燃料电池提供氢源，外形照片见图 4-33。储氢罐体采用 304 不锈钢或铝合金，金属氢化物采用的是 AB_5 型和 AB_2 型储氢合金，储氢量达到 1.4%（质量）以上。吸氢压力稳定，充放气循环 3000 次后，储氢量仍保持在初始容量的 90% 以上。可在室温下实现快速充放氢。放氢纯度大于 99.999%。

(a) AB_5 型外观　　　　　　　　　　(b) AB_2 型外观

图 4-33　金属氢化物储氢罐照片

4.4 氢能储能发电用储氢材料

4.4.1 储氢材料要求

当前，氢气储存及释放是氢能发电实现商业化的一个重要环节。要将金属氢化物储氢方式作为发电系统的燃料储存单元以及供给燃料电池单元，须要对储氢合金的诸多特性（平台压、理解压-组成-温度特性、滞后性、吸氢量、反应热、活化特性、寿命、膨胀率等），储氢容器的研发（提高储氢合金的热传导性、改善粉末床传质特性、耐压、密封、抗氢脆等），以及控制阀件的设计与制造等方面进行专项研究。

由于储氢合金的吸放氢伴随着本身温度、放氢压力、体积等一系列特性的变化，要将该技术实用化并应用在燃料电池上，一方面要提高储氢器自身的性能，例如提高其储氢容量、改善平衡压力、室温条件下吸放氢、易于活化、吸放氢速度快、良好的抗气体杂质中毒特性、长期循环稳定性以及降低成本等。另一方面，还须要结合燃料电池的特性进行专项研究，以实现与燃料电池的良好匹配，主要应满足以下要求：

① 储氢量大，要保证燃料电池的不间断工作，必须为之提供足够的氢源，在储氢合金的类型选定后，通常以增加储氢合金的量来增大储氢量；

② 能够在适当温度 $1\sim1\times10^6$ Pa 氢压下快速吸放氢，避免机械压缩；

③ 吸氢速率要快，以保证电解制氢得到的氢气尽快得到储存，保障电解制氢的安全有效地工作；

④ 放氢速率要大于燃料电池的燃料供给速率，以保证燃料电池的稳定工作；

⑤ 放氢均匀性好，在燃料电池工况不变的情况下，储氢合金的瞬时放氢速率应该保持无波动或波动很小；

⑥ 放氢平台特性好，保证储氢合金的放氢压力能在一定范围内平缓下降，有利于燃料电池供氢压力的稳定。

4.4.2 储氢材料性能及技术经济性分析

针对电网中应用特点，对于储氢材料有着不同于汽车动力方面应用的要求。例如，电网应用对于质量储氢密度、分解温度等方面的要求肯定不同于汽车动力方面应用，应开展适应于电网新能源、峰电等应用的储氢材料的调研及其性能研究，并引导储氢材料的全新研究视角，查清氢能发电的研究现状、技术瓶颈及发展趋势，并开展储氢、氢能发电在电网中应用的经济分析及关键技术，为氢能发电集成系统的示范性应用提供基础，以推进氢能发电在电网中的应用进程。

常规高压气瓶储氢压力为 15MPa，重量储氢密度约为 1%（体积），体积储氢密度约为 0.071g/mL。为了提高气态储氢密度，国内外已研制出各种重量轻、耐压高的复合材料气罐，如玻璃纤维增强铝金属罐、碳纤维增强铝金属罐等，储氢压力可达 30MPa，重量储氢密度可达 3.9%（质量）。采用高压气瓶储氢的主要缺点是储氢密度低、压力大、安全性差，氢气需要高度压缩，操作复杂。液态储氢的效率高，但必须使用耐超低温（−252.6℃）的绝热容器充-放氢系统极为复杂，成本很高，安全性也差。固态储氢目前主要是采用金属氢化物，它具有体积储氢密度高、储氢压力低、安全性好的优点，适用于固定式氢能发电系统。

由于液化氢气通常需要热交换器加热至室温后才能用在燃料电池上，这对整个系统的平衡无疑是另一得不偿失的附件，因此氢能发电通常不采用液氢储存的方式。目前在已建的风氢发电系统中，对大型储氢技术要求较高。通常采用金属氢化物储氢和高压储氢两种技术。由于金属氢化物储氢密度不够高，导致金属储氢器体积较大，重量较重，从而限制了金属储氢法在大功率燃料电池发电系统中的应用，仅适用于中小功率燃料电池发电系统。而高压储氢适用范围较大，储公斤级至吨级范围内的氢均适用。

4.4.2.1　主要金属储氢材料的储氢性质

20 世纪 60 年代后期荷兰 Phillips 公司和美国布鲁克海文国家实验室分别发现了 $LaNi_5$、$TiFe$、Mg_2Ni 等金属间化合物的储氢特性后，世界各国都在竞相开发不同的金属储氢材料。储氢合金的最大优势首先在于高的体积储氢能力和储氢体积密度，某些过渡金属、合金和金属间化合物由于其特殊的晶格结构等原因，在一定条件下，氢原子比较容易进入金属晶格的四面体或八面体间隙中，形成金属氢化物。这类材料可以储存比其体系大 1000～1300 倍的氢，与液氢相同甚至超过液氢。当金属氢化物受热时，又放出氢气。目前实用化的储氢合金成分有几十种，主要分为稀土系、钛系以及镁系等。

通常对于以氢的储存、输送及其利用为主要目的的金属氢化物技术对储氢合金性能有如下一些要求：①高的储氢容量；②合适的平衡压力，以尽可能在室温下吸放氢操作；③易于活化；④吸放氢速度快；⑤良好的抗气体杂质中毒特性和长期循环稳定性；⑥原材料资源丰富，价格低廉。在储氢合金中稀土系储氢合金技术最为成熟，应用较多。因其吸氢/放氢之化学反应是在室温、常压下进行，所需之储氢容器较为简单轻便、且吸氢/放氢过程中能有效地散热，故在燃料电池方面受到重视。但稀土储氢合金的氢气储存密度较低，如其典型材料为 $LaNi_5$，其储氢密度仅为 1.4%（质量）。为了提高燃料电池系统的发电量，提高储氢合金的储氢密度极为关键。表 4-15 列举了一些金属储氢材料的储氢特性。

表 4-15　金属储氢材料的储氢特性

成分	制备方法	温度/℃ 吸氢	温度/℃ 放氢	压力/bar 吸氢	压力/bar 放氢	动力学性能/min 吸氢	动力学性能/min 放氢	循环性	储氢容量/%(质量)
$LaNi_5$	球磨	20	—	20	—	1.6	—	8个循环	0.25
$LaNi_5$	CO表面处理	0~100	25	50	—	—	13.6	20个循环	1.44
$La_{0.9}Ce_{0.1}Ni_5$	CO表面处理	0~100	25	50	—	—	1.8	20个循环	1.40
$La_{0.90}Ce_{0.05}Nd_{0.04}Pr_{0.01}Ni_{4.63}Sn_{0.32}$	熔融	100	25	5~10	0.24	6.6	6.6	—	0.95
$La_{0.59}Ce_{0.29}Pr_{0.01}Ni_4Co_{0.45}Mn_{0.45}Al_{0.3}$	快淬	60	—	10	—	15	—	—	1.27
$La_{1.8}Ca_{0.2}Mg_{14}N_{13}$	球磨	27~327	27~327	40	1	15	10	6个循环	5.00
$La_{0.55}Y_{0.45}Ni_5$	射频加热	—	25	—	10	—	60	100个循环	1.3
$MmNi_{4.6}Al_{0.4}$	熔融	25	25	2~15	25	20	5	11个循环	1.3
MgH_2-5%(摩尔)Fe_2O_3	球磨	300	—	10	0.15	20	—	—	1.37
MgH_2-5%(原子)Ni	球磨	200	300	8.4	真空	5	16.7	—	5
Mg-0.5%(质量)Nb_2O_5	共混	300	300	11.6	1~2	1	1.5	—	7.0
Mg_2Ni	球磨	280	—	40	真空	—	—	—	3.53
Mg_2Ni	球磨	300	—	17	—	10	—	4个循环	3.50
Mg-10.6La-3.5Ni	氢等离子体金属反应法	400	350	40	真空	10	3	—	6.5
$TiCr_{1.1}V_{0.9}$	球磨	30	30	100	0.5	20	—	—	3.5
$Ti_{43.5}V_{49}Fe_{7.5}$	电弧熔炼	−20	300	30	10	8.3	—	50个循环	3.9
Ti-10Cr-18Mn-32V	磁悬浮熔炼	60	—	10	1	—	—	—	3.36
V-7.4%Zr-7.4%Ti-7.4%Ni	电弧熔炼	40	—	50	1	—	—	10个循环	2.00
$V_{0.375}Ti_{0.25}Cr_{0.30}Mn_{0.075}$	电弧熔炼	30	30	47	0.2	—	—	—	2.2
$Zr_{0.75}Ti_{0.25}Cr_{1.5}Ni_{0.5}$	电弧熔炼	40	—	30	—	—	—	—	1.75
$Zr(Cr_{0.8}Mo_{0.2})_2$	感应熔炼	120	—	100	—	—	—	—	0.99
FeTi	球磨	25	—		—	—	—	—	1.92

4.4.2.2 经济性评价

表 4-16 为估算的储氢材料的价格，可以看到 Mg 的价格最便宜，为储每千克氢需要的储氢材料费用为 70～2230 美元，而 AB_5 型稀土储氢合金的价格略高，为储每千克氢需要的储氢材料费用为 410～5190 美元，价格最高的为 AB_2 型 Laves 相储氢合金，费用高达 3029～32300 美元。由此可以看出，如果从高储氢量及整体的价格与重量等因素来考量，Mg 基储氢合金在氢能发电方面，则颇具经济效益。

表 4-16   一些金属储氢材料的价格

储氢合金	储氢容量/%	价格/（$/kg H）
AB	1.0～1.9	417～6354
AB_2	0.2～2.8	3029～32300
AB_5	1.0～1.9	410～5190
Mg	2.6～8.2	70～2230

此外，有很多公司企业从事储氢材料的制备和销售，根据他们的官方报价，如表 4-17 所示，以供参考。

表 4-17   Sigma Aldrich 公司出售的储氢材料的价格（2016 年）

材料(纯度)	性能	价格（RMB/g）	备注	报价单位
$LaNi_{4.5}Al_{0.5}$(99.9%)		93.6		Sigma Aldrich
$(Ce,La,Nd,Pr)Ni_5$	1.5%～1.6% 25℃	71.5		Sigma Aldrich
YNi_5(99.9%)		100.4		Sigma Aldrich
$TiMn_2$		71.5		Sigma Aldrich
$Zr_4Sc_1Fe_{10}$		1132.56	用于氢气移动存储的高压容器。基于 AB_2 型金属间化合物的具有良好氢吸收参数的新型存储系统。材料为 AB_2 合金的典型代表。	Sigma Aldrich
$LaNi_5$	1.5%～1.6% （质量） 25℃	89.9		Sigma Aldrich

材料(纯度)	性能	价格 (RMB/g)	备注	报价单位
$La_2Co_1Ni_9$	$1.4\%\sim1.5\%$ （质量） 25℃	73.1		Sigma Aldrich
Mg(99.98%)		0.83	4～30目片状	Sigma Aldrich
Mg(99.98%)		0.033	粉状325目	Sigma Aldrich

基于稀土储氢合金在氢能发电体系中的应用前景，进一步分析了国内稀土储氢合金的市场价格，以指导储氢材料的选用。

2013年我国金属氢化物的产量约3.1万吨（图4-34），2013年国内金属氢化物销售市场规模约24.4亿元，近几年我国金属氢化物销售市场规模如图4-35所示。

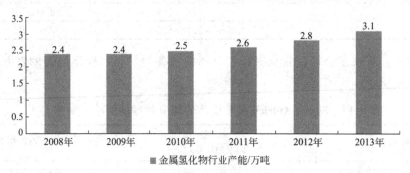

图4-34 2008～2013年中国金属氢化物产能情况（未含台湾地区）

图4-35 2008～2013年中国金属氢化物销售市场规模（未含台湾地区）

2012年稀土储氢合金价格在每吨16万～17万元之间，2011年国产稀土储氢合金价格维持在13万～15万元之间，2009年维持在7万～8万元之间，2008年价格最低。如甘肃稀土新材料股份有限公司的 $LaNi_5$ 产品的报价每吨20万。

由近几年的市场平均价格变化走势可知，随着我国对稀土资源开发、稀土产业结构调整，稀土原材料及劳动力成本在逐渐上升，导致稀土储氢合金价格上升，具体价格走势如图 4-36 所示。

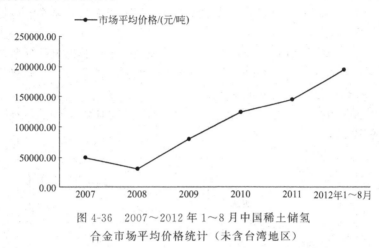

图 4-36　2007～2012 年 1～8 月中国稀土储氢
合金市场平均价格统计（未含台湾地区）

4.4.2.3　储氢材料在吸氢和放氢中的热效应以及能量损耗

对于高压储氢，压力储罐的压力比燃料电池所需的氢气压力要高，在这个过程中的损失主要来自于压力调节相关步骤。金属储氢损失主要是交流电加热和冷却过程产生的。因此必须要考虑储氢材料在吸氢和放氢中的热效应以及能量损耗。

图 4-37 为高压储氢（CH_2）、液态储氢（LH_2）、低温金属氢化物（LTH，代表材料为 $LaNi_5H_6$）、高温金属氢化物（HTH，代表材料为 MgH_2）、铝氢化

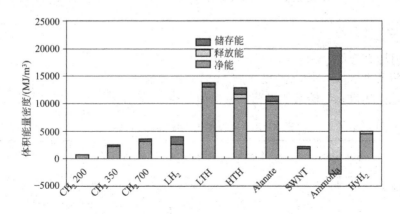

图 4-37　储氢材料的理论体积储氢能量密度

物（Alanate）单壁碳纳米管（SWNT）、氨基化合物（Ammonia）的理论体积储氢能量密度。可以看到金属氢化物的净体积储能密度最高。

对于高压储氢，压力储罐的压力比燃料电池所需的氢气压力要高，在这个过程中的损失主要来自于压力调节相关步骤。金属储氢损失主要是交流电加热和冷却过程产生的。

在整个工程的设计与实际开发中，热能处理是一个极其重要的环节。金属储氢过程是一个放热过程，水电解过程中也有大量的反应热生成，金属氢化物释放氢气是一个吸热过程，与储氢过程相反。

高压储氢在 300K 时将 1mol 氢气从 1×10^5 Pa，压缩至不同压力的压缩功和耗费能效见图 4-38。

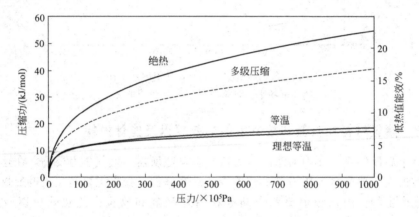

图 4-38 在 300K 时将 1mol 氢气从 1×10^5 Pa 压缩至不同压力的压缩功和耗费能效金属氢化物储氢能量

放氢热量为放氢吸收热量（放氢焓变的绝对值）与氢气低热值的比值（% LHV）。

举例：

MgH$_2$ 在 300℃ 的放氢焓变为 -74.5 kJ/mol

放氢所需能效为 $74.5/242.8 \times 100\% = 30.7\%$

其他金属氢化物储氢能量及效率值如表 4-18 所示。

表 4-18 金属氢化物的储氢特性

氢化物	质量储氢密度	放氢热量	温度（1bar）
Interstitial MH(LaNi$_5$H$_6$，TiFeH$_2$)	1%～2%(质量)	约 30kJ/mol(约 12.4% LHV)	近室温
MgH$_2$	7.6%(质量)	74.5kJ/mol(30.8% LHV)	300℃
Mg$_2$NiH$_4$	3.6%(质量)	64.5kJ/mol(26.7% LHV)	255℃

氢化物	质量储氢密度	放氢热量	温度(1bar)
NaAlH$_4$ (one step)	3.7%(质量)	37kJ/mol(15.3% LHV)	35℃
Na$_3$AlH$_6$	1.9%(质量)	47kJ/mol(19.4% LHV)	110℃
NaAlH$_4$ (two step)	5.6%(质量)	40kJ/mol(16.5% LHV)	110℃

4.4.2.4 配位氢化物的储氢性质和经济性分析

表 4-19 列举了一些典型的配位氢化物和化学氢化物及其储氢特性。表 4-20 为部分市场出售的配位氢化物的售价（2016 年）。

表 4-19 一些典型的配位氢化物和化学氢化物的储氢特性

反应式	储氢容量/%（质量）	放氢温度/℃
铝氢化物		
NaAlH$_4$	5.6	210～220
LiAlH$_4$	7.9	160～180
Mg(AlH$_4$)$_2$	9.3	110～200
KAlH$_4$	5.7	300
Ca(AlH$_4$)$_2$	5.9	127
氨基氢化物		
LiNH$_2$+2LiH=Li$_2$NH+LiH+H$_2$=Li$_3$N+2H$_2$	10.5	150～450
CaNH+CaH$_2$=Ca$_2$NH+H$_2$	2.1	350～650
Mg(NH$_2$)$_2$+2LiH=Li$_2$Mg(NH)$_2$+2H$_2$	5.6	100～250
3Mg(NH$_2$)$_2$+8LiH=4Li$_2$NH+Mg$_3$N$_2$+8H$_2$	6.9	150～300
Mg(NH$_2$)$_2$+4LiH=Li$_3$N+LiMgN+4H$_2$	9.1	150～300
2LiNH$_2$+LiBH$_4$→"Li$_3$BN$_2$H$_8$"→Li$_3$BN$_2$+4H$_2$	11.9	150～350
Mg(NH$_2$)$_2$+2MgH$_2$→Mg$_3$N$_2$+4H$_2$	7.4	20
2LiNH$_2$+LiAlH$_4$→LiNH$_2$+2LiH+AlN+2H$_2$=Li$_3$A+N$_2$+4H$_2$	5.0	20～500
3Mg(NH$_2$)$_2$+3LiAlH$_4$→Mg$_3$N$_2$+Li$_3$AlN$_2$+2AlN+12H$_2$	8.5	20～350
Mg(NH$_2$)$_2$+CaH$_2$→MgCa(NH)$_2$+2H$_2$	4.1	20～500
NaNH$_2$+LiAlH$_4$→NaH+LiAl$_{0.33}$NH+0.67Al+2H$_2$	5.2	20
2LiNH$_2$+CaH$_2$=Li$_2$Ca(NH)$_2$+2H$_2$	4.5	100～330
4LiNH$_2$+2Li$_3$AlH$_6$→Li$_3$AlN$_2$+Al+2Li$_2$NH+3LiH+15/2H$_2$	7.5	100～500
2Li$_4$BN$_3$H$_{10}$+3MgH$_2$→2Li$_3$BN$_2$+Mg$_3$N$_2$+2LiH+12H$_2$	9.2	100～400

反应式	储氢容量/%（质量）	放氢温度/℃
硼氢化物		
$2LiBH_4 \rightarrow 2LiH + 2B + 3H_2$	13.6	200~550
$2LiBH_4 + MgH_2 = 2LiH + MgB_2 + 4H_2$	11.5	270~440
$Mg(BH_4)_2 \rightarrow MgB_2 + 4H_2$	14.8	290~500
$3Mg(BH_4)_2 \cdot 2(NH_3) \rightarrow Mg_3B_2N_4 + 2BN + 2B + 21H_2$	15.9	100~400
$Ca(BH_4)_2 \rightarrow CaH_2 + 2B + 3H_2$	8.6	300~500
$Zn(BH_4)_2 \rightarrow Zn + B_2H_6 + H_2$	2.1	90~140
氨硼烷化合物		
$nNH_3BH_3 \rightarrow (NH_2BH_2)_n + nH_2 \rightarrow (NHBH)_n + 2nH_2$	12.9	70~200
$LiNH_2BH_3 \rightarrow LiNBH + 2H_2$	10.9	75~95
$NaNH_2BH_3 \rightarrow NaNBH + 2H_2$	7.5	80~90
$Ca(NH_2BH_3)_2 \rightarrow Ca(NBH)_2 + 4H_2$	8.0	90~245

表 4-20　一些典型的配位氢化物和化学氢化物的售价（2016 年）

材料(纯度)	价格(RMB 元/g)	备注	报价单位
$NaAlH_4$	93.5		百灵威
$LiAlH_4$	约 10	(95%)	百灵威
$LiNH_2$	84		百灵威
LiH	8~17		百灵威
CaH_2	3~7	(>90%)	百灵威
$LiBH_4$	66~216.5	贮氢等级,≥90%	百灵威
$NaBH_4$	89.6	贮氢等级,98%	百灵威
$Mg(BH_4)_2$	1500~1800	95%(Aldrich)	Sigma Aldrich

4.4.3　储能发电用储氢材料筛选

从高储氢量及整体的价格与重量等因素来考量，Mg 基储氢合金在氢能发电方面，则颇具经济效益。但由于纯镁金属表面极易氧化生成一层氧化膜，以至于严重影响氢气的吸附，故放氢反应必须在高温下才能进行，若温度低于 350℃以下，则吸氢/放氢之化学反应往往极慢，需要长时间来达成。此外，活化处理困难及放氢温度高等均限制了其实际应用。相比之下，尽管 AB₅ 型稀土储氢合金价格高于 Mg 基储氢合金，但其存在以下优点，最适于用作氢能发电系统中的储氢材料。

① 耗能与储能之比小，效率高。

② CO_2 释放量少，更环保。

③ 体积能量密度大＞13798MJ/m³。

④ 能够在室温附近1～10bar氢压下吸放氢。

⑤ 循环稳定性较好。

⑥ 抗腐蚀性好。

⑦ 通过改变成分可以调节平台压。

⑧ 活化容易。

4.4.4 应用实例分析

Varkaraki等人基于氢技术设计了一套不间断电源（图4-39）。该系统由质子交换膜燃料电池、储氢系统即一套电解水装置组成。1.9kg（21Nm³）氢储量的储氢系统包括三个金属氢化物储氢罐和一个普通储氢罐。金属氢化物即采用$LaMm_{1-x}Ce_xNi_5$合金，其材料储氢容量为1.45％，在常温和放氢率为0.48kg/h条件下的压力变化如图4-40所示。结果表明，$LaMm_{1-x}Ce_xNi_5$合金在40℃、0.3MPa氢压下放氢率达90％。

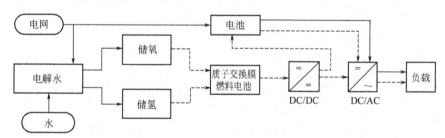

图4-39　不间断电源系统流程图

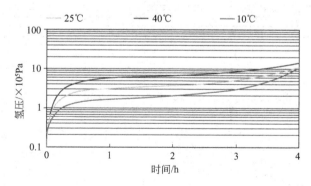

图4-40　$LaMm_{1-x}Ce_xNi_5$储氢合金在不同温度下的放氢曲线

Bossi等人报道了用氢作燃料的3kW的高分子燃料电池体系，使用了商业化的$LaNi_{4.65}Al_{0.35}$粉作为储氢装置，其主要参数如表4-21所示。该装置能够提供

$6.5 Nm^3$ 的储氢容量。其吸放氢性质分别如图 4-41、图 4-42 所示。

表 4-21　储氢装置的主要参数

参数	HS140	HS3000	HS6500
长/mm	460	1100	470
直径/mm	48	135	30
内部管子数量	单管	单管	37
储氢容量/NL	194	3500	6840
室温压力/$\times 10^5$ Pa	2	4	30
输出压力/$\times 10^5$ Pa	>1.5	>1.5	>1.7
氢气交换体积	≈140	≈2800	≈6000

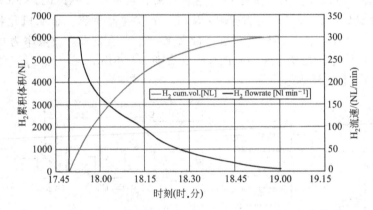

图 4-41　金属氢化物在 5.7×10^5 Pa 常压下的吸氢曲线

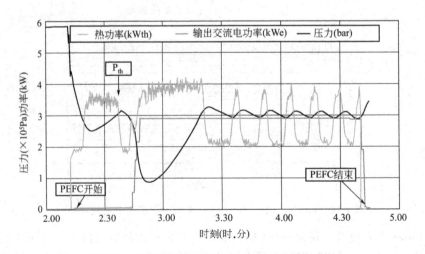

图 4-42　金属氢化物在 3×10^5 常压下的放氢曲线

此外，Mg 基材料由于具有更高的质量体积和储氢密度，但是吸放氢温度过高，在 300℃ 以上。因此在大型（几百千瓦）功率发电站的储氢罐有应用前景。但需要与高操作温度的质子交换膜水电解器和溶解碳酸盐型或固态氧化物燃料电池配套使用。

4.4.5 储氢容器技术经济性分析

从表 4-22 经济成本上考虑，金属氢化物储氢成本略高于高压储氢的成本。

表 4-22 几种储氢方式的成本比较

储氢方式	通用设备费 /（美元/MJ）	储存设备费 /（美元/MJ）	能耗费 /（美元/MJ）	总费用 /（美元/MJ）
高压储氢(20MPa)	0.00073	0.00073	0.0024	0.010
液化储氢(−253℃)	0.00110	0.00210	0.0140	0.017
金属储氢(TiFe)	0.00054	0.00700	0.0048	0.012

高压储氢罐：美国能源部对高压储氢罐进行了经济性评价，如表 4-23 所示，从中可以看到 $3.5 \times 10^7 Pa$ 和 $7 \times 10^7 Pa$ 两种规格的储氢罐的原材料成本分别为 2704 美元和 3313 美元，工厂生产成本共计 5450 美元和 6690 美元。从图 4-43 中高压储氢罐生产成本可以看出，碳纤维的价格最贵，约占总成本的 45%。

表 4-23 高压储氢罐的成本（2005 年）

系统成本分析	$3.5 \times 10^7 Pa$ 储氢罐				$7 \times 10^7 Pa$ 储氢罐			
	材料费 /美元	材料费 （占比）	加工费 /美元	加工费 （占比）	材料费 /美元	材料费 （占比）	加工费 /美元	加工费 （占比）
氢气	18	100%	—		18	100%		
压缩容器	2193	96%	102	4%	2681	96%	119	4%
内衬或配件	20	66%	11	34%	14	57%	10	43%
碳纤维层	2111	96%	83	4%	2619	96%	102	4%
玻璃纤维层	30	82%	7	18%	23	79%	6	21%
泡沫	32	95%	2	5%	25	95%	1	5%
调节阀	160	100%			200	100%		
阀	226	100%			282	100%		
其他	107	100%			132	100%		
组装	—		59				59	
整个成本	2704	94%	161	6%	3313	95%	178	5%

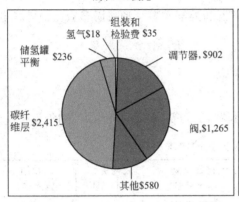
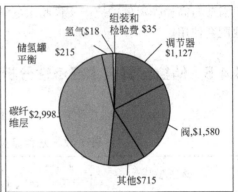

图 4-43　高压储氢罐工厂成本

4.5　氢能储能发电用储氢系统的技术指标

　　电网氢储能系统包括电解水制氢、储氢、燃料电池发电三大环节，其中储氢环节起到承上启下的作用，因此储氢系统的性能参数需要与电解水制氢的产氢特性以及燃料电池的供氢特性相匹配。对于储氢系统来说，其氢气来源于电解水制氢系统产生的氢气，而在不采用增压措施情况下，电解水制氢产生的氢气压力直接决定了储氢系统的吸氢条件；另外，燃料电池发电系统所需氢源由储氢系统直接提供，因此，储氢系统的放氢性能需要满足燃料电池的工作条件。

　　本部分内容将提出电网氢能储能发电用的储氢系统的技术指标。

（1）储氢密度

　　氢燃料电池汽车的储氢系统是移动式的，因此对储氢系统的储氢密度有着严格的要求，这种要求包括质量储氢密度和体积储氢密度。而电网氢能储能发电设施一般是固定式的，对储氢系统的重量储氢密度要求不如车载储氢高。对于电网氢能储能发电系统，其主要受制于建造场所的面积，因此体积储氢密度是电网氢能储能用储氢系统的一个关键技术指标。

　　从功能性、安全性、经济性等因素考虑，固态储氢是目前最适合大规模电网氢能储能发电系统的储氢方式，而传统储氢合金是目前最适合的储氢材料。传统的储氢合金的质量储氢密度不高，但体积储氢密度较高，这非常符合电网氢能储能发电的使用场合。一般地，可实用化的储氢合金的重量储氢密度只有（1～

2)％，而高温下才能使用的镁基储氢合金可以达到3％（质量）以上。

储氢系统一般包括储氢材料、储氢罐、气路阀门、外壳等，储氢系统的实际储氢密度将低于储氢材料的储氢密度。

短期来说，电网用储氢系统的重量储氢密度应≥1.5％（质量），体积储氢密度≥40gH_2/L。长期来说，电网用储氢系统的重量储氢密度应≥2％（质量），体积储氢密度≥50gH_2/L。

（2）储氢成本

对于电网，储氢发电系统的造价直接决定了其能否商业化推广。美国能源部（US Drive）设定了车载储氢系统的造价不能超过266 ＄/kg（H_2），这对制定电网氢能储能发电用的储氢系统的成本指标具有指导作用。

（3）工作环境温度

氢能储能发电设施需要适应不同的环境温度，即无论寒冷还是炎热，系统都要能正常运行。车载储氢的工作环境温度为－40～60℃，它同样适用于电网氢能储能发电用的储氢系统。

（4）工作温度

固态储氢系统往往需要在一定温度下才能进行吸放氢。车载储氢系统的工作温度一般受限于燃料电池发电系统，US Drive规定车载储氢系统的工作温度范围为－40～85℃，这个工作温度同样适合于电网氢能储能发电用的储氢系统。

（5）吸氢压力

电网氢能储能发电用储氢系统的氢气来源于电解水制氢，而一般电解水制氢的产氢压力范围为0.2～5MPa，因此，合适的储氢系统必须在电解水的产氢压力下能够快速进行吸氢。

在借助压缩机条件下，储氢系统的吸氢压力还可以继续提高，而压缩机的耗能可由可再生能源发电产生的多余电力提供。尽管如此，为了尽可能地提高氢储能的效率，储氢系统在常温下的吸氢压力最好能够处于0.2～5MPa之间。

（6）放氢压力

燃料电池氢气侧的工作压力通常在$0.2～0.5×10^5$Pa。储氢系统的放氢压力必须要高于燃料电池氢气侧的工作压力。

电网氢储能系统的的工作环境温度范围为－40～60℃之间，因此，在这个工作环境温度范围内，无论是低温还是高温，储氢系统都必须在第一时间放出满足燃料电池供氢条件的氢气,且必须自始至终维持放氢压力≥1MPa。

(7)吸放氢速率

吸氢速率要快,以保证电解制氢得到的氢气尽快得到储存,保障电解制氢的安全有效地工作;放氢速率要大于燃料电池的燃料供给速率,以保证燃料电池的稳定工作。因此吸放氢速率由电解制氢和燃料电池决定。

氢燃料电池汽车对于加氢速率有较为苛刻的要求,加氢快意味着等待时间短。而对于电网氢储能的应用场景,储氢系统的吸氢速率决定于电解水制氢的快慢。

(8)循环寿命和效率

车载储氢系统的循环寿命为1500次以上,效率90%。

对于电网氢储能的应用场合,储氢系统的循环次数将多于车载应用场合,因为风能发电具有极强的间歇性和随机性,这必然会带来氢储能系统的频繁启动和闭合。循环寿命的短期目标为3000次,长期目标为5000次。

电网用储氢系统的技术指标如表4-24所示。电网氢储能用储氢材料的技术指标如表4-25所示。

表4-24 电网用储氢系统的技术指标

技术参数	单位	短期(2015~2025)	长期(2025~2050)
• 系统的储氢密度			
重量储氢密度	(kg H_2/kg system)	1.5%	2%
体积储氢密度	(g H_2/L system)	40	50
• 储氢系统的造价			
能量成本	¥/kW·h net	待定	待定
• 持久性/操作性			
工作环境温度	℃	-40~60	-40~60
工作温度	℃	-40~85	-40~85
循环寿命	次	3000	5000
吸氢压力	MPa	常温下,0.2~5	常温下,0.2~5
放氢压力	MPa	在-40~60℃下,≥1	在-40~60℃下,≥1
储氢效率	%	90	90
• 充放氢速率			
最低满流速率	(g/s)/kW	待定	待定
达到满流的时间(20℃)	s	待定	待定
达到满流的时间(-20℃)	s	待定	待定
10%~90%和0~90%的响应时间	s	待定	待定

技术参数	单位	短期(2015~2025)	长期(2025~2050)
燃料质量(从储氢系统出来的 H_2)			
	%H_2		SAE J2719 and ISO/PDTS 14687~2(99.97% dry basis)

表 4-25　电网氢储能用储氢材料的技术指标

技术参数	单位	短期(2015~2025)	长期(2025~2050)
重量储氢密度	%(质量)	2%	3%
体积储氢密度	g H_2/L	50	80
储氢成本	¥/kg(H_2)	待定	待定
工作环境温度	℃	−40~60	−40~60
工作温度	℃	−40~85	−40~85
循环寿命(衰减小于20%)	次	3000	5000
吸氢压力	MPa	常温下,0.2~5	常温下,0.2~5
放氢平台压力	MPa	在−40~60℃下,≥1	在−40~60℃下,≥1
储氢利用率	%	90	90

4.6　氢能储能发电示范应用的关键技术匹配问题

4.6.1　电解过程制氢与储氢材料匹配中的关键技术和问题

把太阳能、风能、地热等新能源发电多余的电量进行电解水制氢,然后将氢气储存在固态储氢罐中。由于固态储氢罐中的储氢材料在吸氢过程中主要取决于吸氢的温度以及压力,为了确保满足电解水制得的氢气安全、高效、快速地注入到储氢罐中,必须调节电解水制得的氢气的流量和速率,以与储氢材料工作条件达到完好的匹配。

(1)产氢速率与储氢材料吸氢参数的匹配

储氢合金的不同,决定了形成产品后储氢罐性能的差异。首先可根据电解水制氢的工作参数(产氢速率)进行相应储氢材料的选择。吸氢阶段,随着吸氢量的增加，储氢器的压力呈上升趋势，当增至一定压力时，储氢材料开始吸氢，整个吸氢过程中储氢罐吸氢参数的变化伴随着自身温度的较大幅度变化，需要参考储氢材料吸氢的速率和压力数据，观测储氢中气体压力和温度的变化，采取一定的措施如自动调节制氢系统的电流或通过调节连接管路中的压力调节器，进而调节产氢速率和储氢罐中的压力，维持吸氢平衡。

（2）充氢速率与储氢罐散热的匹配

在储氢罐的承受压力范围内，可适当提高充氢压力，增大充入的氢气量，同时也可以加快充氢速度，节省充氢时间。但需要注意高压充氢时储氢罐放热量将明显增加，此时须要提高储氢罐的散热效率，可以采用水浴散热的方法加以实现。

（3）技术匹配

首先，电解制得的氢气必须经过一系列净化、冷却处理干燥处理，除去水分和碱雾，最后存入储气罐中，以防止燃烧时出现危险。其次，当电解水制氢系统功率较大，产氢率大，不可避免导致储氢罐中的压力超负荷，可以在储氢罐与大气间安有阻火器和弹簧安全阀。当罐内压力超过规定值时，气体可安全排出。另外，在制氢主机工作压力低于储氢罐中压力时，需要安装止回阀，防止氢气倒灌。

4.6.2 燃料电池与储氢材料工作匹配的条件

（1）必须使燃料电池与储氢材料完好匹配

金属氢化物在放氢过程主要取决于与放氢温度以及放氢压力，为了确保氢气作为燃料电池的燃料，使燃料电池正常有效地工作，必须使燃料电池与储氢材料工作条件达到完好的匹配。

为掌握燃料电池在不同工况下的需氢量，须了解储氢器的工作特性，利用实际的系统匹配试验进行研究与评价。拟匹配的储氢容器在保证足够大的储氢量的同时必须能够满足以上放氢条件，即在不同负载状态下能够为燃料电池提供相应足够的瞬时氢气量。储氢合金的不同，决定了形成产品后储氢器性能的差异。要实现储氢器与整体燃料电池系统的匹配。

① 在力求提高储氢合金自身充放氢特性的基础上，必须将其与燃料电池系统相结合考虑。带载阶段，随着放氢量的增加，储氢器的压力和温度均呈下降趋势。整个放氢过程中储氢器放氢参数的变化伴随着自身温度的较大幅度变化（如

图 4-44 中 RES2H2 项目的金属氢化物储氢罐在放氢过程中的温度和压力数据），可见温度是影响储氢器放氢性能的因素之一。总体而言，自然放置状态下储氢器放氢一定时间后就无法为燃料电池持续提供足够的氢气。

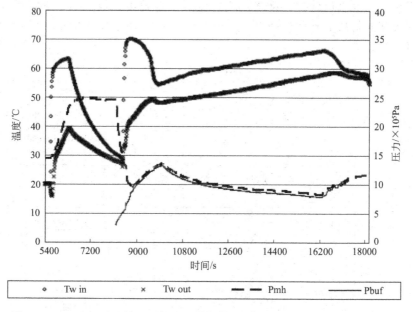

图 4-44　RE2H2 项目的金属氢化物储氢罐在放氢过程中的温度和压力数据

② 反应气体的压力对电池性能有很大的影响，增大反应气的压力有利于提高反应气通过扩散层和催化层的传质速度，同时可以减小浓差极化，增大反应气体的压力，也有利于提高电流密度，在过电位相同的情况下，提高电流密度，电池的性能也会随之提高。然而增大气体的压力同时也会增大电池的能耗，从而降低了系统的输出功率。

③ 气体流量的提高对电池性能的影响很大，反应气的量增多，气体的利用率也提高，因为在阳极和阴极催化层上氢氧浓度提高，使电化学反应更充分。

（2）固体金属氢化合物储氢合金作为燃料电池发电系统储氢单元的技术方案

① 放氢速率与负载状态燃料电池的负载大小（输出功率）与储氢器的放氢速率有一一对应的关系，储氢器的放氢速率必须达到所匹配的实际需求量。

② 储氢器的加热保温：在实际发电系统工作中，由于不可能利用额外的热源提供给储氢器，必须利用系统自身产生的热量实现系统内部的热量均衡。可以利用燃料电池和变换电路产生的余热对储氢器进行加热，以改善储氢器的放氢性

能。还可以优化发电系统各单元的热量分布。

③ 放氢压力：储氢器放氢压力的下降速率和放氢量的大小与自身的环境温度和负载状态有关。低的环境温度下，大的负载储氢器放氢速率较高，放氢压力下降较快，放氢量较少，反之则放氢压力下降较慢，放氢量较多。图 4-45 为一些代表储氢材料的平衡热动力学，图上长方形区域为适合 PEM 燃料电池的储氢材料工作条件。

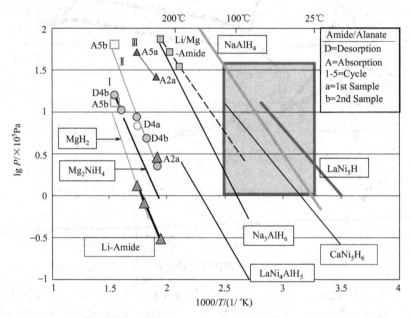

图 4-45　一些代表储氢材料的平衡热动力学，图中长方形区域为
适合 PEM 燃料电池的储氢材料工作条件

④ 要保证正常工作储氢器的放氢压力必须高于燃料电池的供氢压力，采用增压空气或纯氧为氧化剂时供氢压力适当提高。此外在设计储氢器的有效放氢量时必须考虑到燃料电池的实际负载大小。

参 考 文 献

[1]　DOE. Executive Summaries for the Hydrogen Storage Materials Centers of Excellenc e，2012，http：//www1. eere. energy. gov/hydrogenandfuelcells/pdfs/executive _ summaries _ h2 _ storage _ coes. pdf.

[2]　Aoyagi H，Aoki K，Masumoto T. J Alloys Compds [J]，1995，231：804～809.

[3]　Demircan A，Demiralp M，Kaplan Y，Mat MD，Veziroglu TN. Int. J. Hydrogen Energy

[J]．2005；30：1437～1446.

[4] Joubert J-M，Cerny R，Latroche M，Percheron-Guegan A，Schmitt B. Acta Mater.
[J]．2006；54：713～719.

[5] Joubert J-M，Latroche M，Cerny R，Percheron-Guegan A，Yvon K. J. Alloys Compds.
[J]．2002；330-332：208～214.

[6] Joubert J-M，Cerny R，Latroche M，Leroy M，Guenee L，Percheron-Guegan A. et al..
J. Solid State Chem. [J]．2002；166：1～6.

[7] Chen Y，Sequeira CAC，Chen C，Wang X，Wang Q. Int J Hydrogen Energy [J]，
2003；28：329～333.

[8] K. Kadir，N. Kuriyama，T. Sakai，et al.. Journal of Alloys and Compounds [J]，
1999，284：145～154.

[9] K. Kadir，T. Sakai，I. Uehara. Journal of Alloys and Compounds [J]，1999，287：264～270.

[10] Z. Tan，Y. Yang，Y. Li，H. Shao. J. Alloys Comp. [J]，2008，453：79～86.

[11] H. Senoh，N. T. Takeshita，H. Tanaka，T. Kiyobaysashi，N. Kuriyama. Mater.
Sci. Eng. B [J]，2004，108：96～99.

[12] J. Chen，S. X. Dou，H. K. Liu. J. Power Sources [J]，1996，63：267～270.

[13] M. Odysseos，P. De Rango，C. N. Christodoulou，E. K. Hlil，T. Steriotis，G.
Karagiorgis. Journal of Alloys and Compounds [J]，2013，580：S268～S270.

[14] X. Yuan，H. -S. Liu，Z. -F. Ma，N. Xu. J. Alloys Comp. [J]，2003，359：300～306.

[15] Baozhong Liu，Jinhua Li，Shumin Han，Lin Hu，Lichao Pei，Mingzhi Wang. Journal
of Alloys and Compounds [J]，2012，526：6～10.

[16] J. Zhang，Y. N. Huang，C. Mao，P. Peng，Y. M. Shao，D. W. Zhou. Int. J. Hy-
drogen Energy [J]，2011，22：14477～14483.

[17] A. Glage，R. Ceccato，I. Lonardelli，F. Girardi，F. Agresti，G. Principi，S. Gialanell. J.
Alloys Compd. [J]．2009，478：273～280.

[18] D. K. Slattery. Int. J. Hydrogen Energ. [J]，1995，20：971～973.

[19] J. X. Zou，X. Q. Zeng，Y. J. Ying，X. Chen，H. Guo. Int. J. Hydrogen Energ.
[J]，2013，38：2337～2346.

[20] H. Z. Yan，F. Q. Kong，W. Xiong，B. Q. Li，J. Li，L. Wang. Int. J. Hydrogen
Energ. [J]，2010，35：5687～5692.

[21] Lu D，Li W，Hu S，Xiao F，Tang R. Int. J. Hydrogen Energy. [J]，2006，31（6）：
678～682.

[22] K. Siarhei，R. Lars，K. Bernd. Int. J. Hydrogen Energ. [J]，2009，34：7749～7755.

[23] T. Liu，Y. R. Cao，C. Q. Qin，et al. Synthesis and hydrogen storage properties of
Mg10. 6La3. 5Ni nanoparticles. J. Power Sources [J]，2014，246：277～282.

[24] H. Ren，Y. Zhang，B. Li，D. Zhao，S. Guo，X. Wang. Int. J. Hydrogen Energy
[J]，2009，34：1429～1436.

[25] L. Hu，S. Han，J. Li，C. Yang，Y. Li，M. Wang. Mater. Sci. Eng. B [J]，2010，
166：209～212.

[26] Couillaud S., Linsinger S., Duée C., et al. Intermetallic [J], 2010, 18 (6): 1115~1121.

[27] M.Sahlberg, C. Zlotea, P. Moretto, Y. Andersson. J. Solid State Chem. [J], 2009, 182: 1833~1837.

[28] Q. A. Zhang, D. D. Liu, Q. Q. Wang, et al.. Scripta Materialia [J], 2011, 65 (3): 233~236.

[29] Akito Takasaki, Huett V T, Kelton K F. Journal of Non-crystalline Solids [J], 2004, (334): 457~460.

[30] M. Sahlberg, C. Zlotea, P. Moretto, Y. Andersson. YMgGa as a hydrogen storage compound. J. Solid State Chem. [J], 2009, 182: 1833~1837.

[31] Okada M, Kuriiwa T, Tamura T, Takamura H, Kamegawa A.. J Alloys Compds [J], 2002, 330-332: 511~516.

[32] Sakintuna B, Lamari-Darkim F, Hirscher M. Int. J. Hydrogen Energy [J], 2007, 32: 1121~1140.

[33] Jain IP, Lal C, Jain A. Int. J. Hydrogen Energy [J], 2010, 35: 5133~5144.

[34] F. D. Manchester, D. Khatamian. Mater Sci Forum [J], 1998, 31: 261.

[35] J. K. Nörskov, A. Houmüller, P. Johasson, A. S. Pedersen. J. Less Common Met. [J], 1981, 46: 257.

[36] A. Zaluska, L. Zaluski,. O. Ström-Olsen J. Journal of Alloys and Compounds [J], 1999, 288: 217~225.

[37] Oelerich,W., Klassen, T., Bormann, R.. Journal of Alloys and Compounds [J], 2001, 315 (1-2), 237~242.

[38] Oelerich, W., Klassen, T., Bormann, R.. Advanced Engineering Materials [J], 2001, 3 (7): 487~490.

[39] Oelerich, W., Klassen, T., Bormann, R.. Journal of Alloys and Compounds [J], 2001, 322 (1-2), L5~L9.

[40] Pelletier, J. F., Huot, J., Sutton, M., Schulz, R., Sandy, A. R., Lurio, L. B., Mochrie, S. G. J.. Physical Review B [J], 2001, 63 (5), 052103.

[41] Du, A. J., Smith, S. C., Yao, X. D., Lu, G. Q.. Journal of Physical Chemistry B [J], 2005, 109 (38), 18037~18041.

[42] Liang, G., Huot, J., Boily, S., Van Neste, A., Schulz, R.. Journal of Alloys and Compounds [J], 1999, 291 (1-2), 295~299.

[43] Imamura, H., Sakasai, N., Fujinaga, T.. Journal of Alloys and Compounds [J], 1997, 253, 34~37.

[44] Liang, G., Boily, S., Huot, J., Van Neste, A., Schulz, R.. Journal of Alloys and Compounds [J], 1998, 268 (1、2), 302~307.

[45] Liang, G., Huot, J., Boily, S., Van Neste, A., Schulz, R.. Journal of Alloys and Compounds [J], 1999, 292 (1-2), 247~252.

[46] Zaluska, A., Zaluski, L., Strom-Olsen, J. O.,. Journal of Alloys and Compounds [J], 1999, 288 (1-2), 217~225.

[47] Chen，D.，Chen，L.，Liu，S.，Ma，C. X.，Chen，D. M.，Wang，L. B.. Journal of Alloys and Compounds［J］，2004，372 (1-2)，231～237.

[48] Fang，H. T.，Liu，C. G.，Chang，L.，Feng，L.，Min，L.，Cheng，H. M.. Chemistry of Materials［J］，2004，16 (26)，5744～5750.

[49] Yang，J.，Sudik，A.，Wolverton，C.. Journal of Physical Chemistry C［J］，2007，111 (51)，19134～19140.

[50] Huaiyu Shao，GongbiaoXin，JieZheng，XingguoLi，EtsuoAkiba. Nano Energy［J］，2012，1，590～601.

[51] Yanyan Wang，Gongbiao Xin，Wei Li，Wei Wang，Chongyun Wang，Jie Zheng，Xingguo Li. International Journal of Hydrogen Energy［J］2014，39：4373～4379.

[52] Yogendra K. Gautama，Amit K. Chawla，Rajan Walia，R. D. Agrawal，Ramesh Chandra.. Applied Surface Science［J］，2011，257：6291～6295.

[53] Huot，J.，Liang，G.，Boily，S.，Van Neste，A.，Schulz，R.. Journal of Alloys and Compounds［J］，1999，293，495～500.

[54] Aguey-Zinsou，K. F.，Fernandez，J. R. A.，Klassen，T.，Bormann，R.. International Journal of Hydrogen Energy［J］，2007，32 (13)，2400～2407.

[55] Wagemans，R. W. P.，van Lenthe，J. H.，de Jongh，P. E.，van Dillen，A. J.，de Jong，K. P.. Journal of the American Chemical Society［J］，2005，127 (47)，16675～16680.

[56] Züttel A，Wenger P，Rentsch S，Sudan P，Mauron Ph，Emmenegger Ch. J. Power Sources［J］，2003，118：1～7.

[57] Orimoa S.，Nakamoria Y.，Kitaharaa G.，Miwab K.，Ohbab N.，Towatab S.，A. Züttel A.. Journal of Alloys and Compounds［J］，2005，404-406：427～430.

[58] Bogdanovic B，Schwickardi M.，Appl. Phys. A［J］，2001，72：221～223.

[59] Bogdanovic B，Scwickardi M. J. Alloys Compds.［J］，1997，253、254：1～9.

[60] Pinkerton，F. E.，Meyer，M. S. J.. Alloys Compds.［J］，2008，464：L1～L4

[61] Chen P，Xiong Z，Luo J，Lin J，Tan K L. Nature［J］，2002，420：302～304.

[62] Ichikawa T，Isobe S，Hanada N，Fujii H. J. Alloys Compds.［J］，2004，365：271～276.

[63] Hu Y H，Ruckenstein E. Ind Eng Chem Res［J］，2006，45 (1)：182～186.

[64] Pinkerton F E，Meisner G P，Meyer M S，Balogh M P，Kundrat MD. J. Phys. Chem. B［J］，2005，109：6～8.

[65] Zhang C J，Dyer M，Alavi A. J. Phys. Chem. B［J］，2005，109 (47)：22089～22091.

[66] Nakamori Y，Orimo S-I. J. Alloys Compds.［J］，2004，370：271～275.

[67] Nakamori Y，Orimo S. Mater. Sci. Eng. B［J］，2004，108：48～50.

[68] Gutowska A.，LiL.，ShinY.，WangC. M.，LiX. S.. Angew. Chem. Int. Ed.［J］，2005，44，3578～3582.

[69] Xiong Z，Yong C K，Wu G. High-capacity hydrogen storage in lithium and sodium amidoboranes. Nature Materials［J］，2008，7 (2)：138～141.

[70] Stephens F H，Baker R T，Matus M H，Grant D J，Dixon D A.. Angew Chem. Int. Ed. Engl.［J］，2007，46 (5)：746～749.

[71] G. G. Wicks, L. K. Heung, R. F. Schumacher. Am. Ceram. Soc. Bull. [J], 2008, 87, 23~28.

[72] Profio P D, Arca S, Rossi F, et al.. International Journal of Hydrogen Energy [J], 2009, 34 (22): 9173~9180.

[73] H. Senoh, N. T. Takeshita, H. Tanaka, T. Kiyobaysashi, N. Kuriyama, Mater. Sci. Eng. B [J], 2004, 108: 96~99.

[74] J. Chen, S. X. Dou, H. K. Liu. J. Power Sources [J], 1996, 63: 267~270.

[75] Nakamura Y, Nakamura H, Fujitani S, et al.. Journal of alloys and compounds [J], 1995, 231: 898~902.

[76] 蒋利军, 郑强, 菀鹏. 金属氢化物储氢装置及其制作方法: 中国, CN1609499, 2005-04-27 [P].

[77] Hanada N, Ichikawa T, Hino S, et al.. Journal of Alloys and Compounds [J], 2006, 420 (1 /2): 46~49.

[78] Akiba E, NomuraK, Ono S, et al. International Journal of Hydrogen Energy [J], 1982, 7 (10): 787~791.

[79] Friedlmeier G, Groll M. Journal of Alloys and Compounds [J], 1997, 253 /254: 550~555.

[80] Kircher O, Fichtner M. Journal of Applied Physics [J], 2004, 95 (12): 748~753.

[81] Wang X, Suda S. Journal of Alloys and Compounds [J], 1993, 194 (1): 173~177.

[82] Hammioui M E, Belkbir L, Gerard N. Thermochimica Acta [J], 1994, 231 (2): 225~230.

[83] Rudman P lS. Journal of the Less-Common Metals [J], 1983, 89: 93~110.

[84] 施志刚, 黄先进, 法汉·白普丁. 储氢装置: 中国, 1800694A [P]. 2006-07-12.

[85] Mellouli S, Askri F, Dhaoua H, et al.. International Journal of Hydrogen Energy [J], 2007, 32: 3501~3507.

[86] Sanchez R, Klein A, Groll M. International Journal of Hydrogen Energy [J], 2003, 28 (5): 515~527.

[87] Kim K J, MontoyaB, RazaniA, et al.. International Journal of Hydrogen Energy [J], 2001, 26 (6): 609~613.

[88] OiT., MakiK., SakakiY.. Journal of PowerSources [J], 2004, 125 (1): 52~61.

[89] Gadre S. A., Ebner A. D., Al-Muhtaseb S. A., et al.. Industrial & Engineering Chemistry Research [J], 2003, 42 (8): 1713~1722.

[90] Bogdanovic B, Schwickardi M. T.. Journal of Alloys and Compounds [J], 1997, 253-254: 1~9.

[91] Klein H P, Groll M.. International Journal of Hydrogen Energy [J], 2004, 29 (14): 1503~1511.

[92] Zhang J S, Fisher T S, Ramachandran P V, et al.. Journal of Heat Transfer [J], 2005, 127 (12): 2390~2399.

[93] AsakumaY, Miyauchi S, Yamamoto T, et al. International Journal of Hydrogen Energy [J], 2004, 29 (2): 209~216.

[94] Wang J. Hydride development for hydrogen storage [C] //Proceedings of the 2004 An-

nual U. S. DOE Hydrogen Program Review，2004.

[95]　Goldstein R J，Eckert E R G.. International Journal of Heat&Mass Transfer［J］，2003，46.

[96]　李龙，敬登伟. 金属氢化物储氢研究进展——储氢系统设计、能效分析及其热质传递强化技术，现代化工［J］，2010，3（10）：3～35.

[97]　日本重化学工業「水素吸蔵合金を用いた水素貯蔵システム」，http：//www. f-suiso. jp/bunkakai/H23bunkakai/2nd/2nd/H23 _ 2 _ 6. pdf.

[98]　http：//www. hbank. com. tw/instrument. html.

[99]　Jose' M. Bellosta von Colbe，Oliver Metz，Gustavo A. Lozano. International Journal of Hydrogen Energy［J］，2012，37：2807～2811.

[100]　刘晓鹏，蒋利军，陈立新. 金属氢化物储氢装置研究，中国材料进展［J］，2009，28（5）：35～37.

[101]　JO Jensen，AP Vestbø，Q Li，NJ Bjerrum. The Energy Efficiency of OnboardHydrogen Storage. J. Alloys Comp.［J］，446（22）：723～728.

[102]　Aoyagi H，Aoki K，Masumoto T. J Alloys Compds［J］，1995，231：804～809.

[103]　Corre S，Bououdina M，Fruchart D，Adachi G-Y. J Alloys Compds［J］，1998，275（277）：99～104.

[104]　Iosub V，Latroche M，Joubert J-M，Percheron-Guégan A. Int J Hydrogen Energy［J］，2006，31：101～108.

[105]　Gao L，Chen C，Chen L，Wang X，Zhang J. et al.. J Alloys Compds［J］，2005，399：178～182.

[106]　Chen Y，Sequeira CAC，Chen C，Wang X，Wang Q. Int J Hydrogen Energy［J］，2003，28：329～333.

[107]　Muthukumar P，Maiya MP，Murthy SS. Int J Hydrogen Energy［J］，2005，30：1569～1581.

[108]　Jung KS，Lee EY，Lee KS. J Alloys Compds［J］，2005，421（1-2）：179～184.

[109]　Liang G，Huot J，Boily S，Nestea AV，Schulz R. J Alloys Compds［J］，1999，292（1-2）：247～252.

[110]　Barkhordarian G，Klassen T，Bormann R. J Alloys Compds［J］，2004，364：242～246.

[111]　Abdellaoui M，Cracco D，Percheron-Guegan A. J Alloys Compds［J］，1998，268：233～240.

[112]　Abdellaoui M，Mokbli S，Cuevas F，Latroche M，Guegan A Percheron，Zarrouk H. Int J Hydrogen Energy［J］，2006，31（2）：247～250.

[113]　Zaluski L，Zaluska A，Ström-Olsen JO. J Alloys Compds［J］，1995，217：245～249.

[114]　Zaluska A，Zaluski L，Ström-Olsen JO. J Alloys Compds［J］，2000，298：125～134.

[115]　Santos DS dos，Bououdina M，Fruchart D. Int J Hydrogen Energy［J］，2003，28：1237～1241.

[116]　Nomura K，Akiba E. J Alloys Compds［J］，1995，231：513～517.

[117]　Yu XB，Yang ZX，Feng SL，Wu Z，Xu NX. Int J Hydrogen Energy［J］，2006，31

(9)：1176～1181.

[118] Kuriiwa T，Tamura T，Amemiya T，Fuda T，Kamegawa A，Takamura H. et al. J Alloys Compds [J]，1999，293-295：433～436.

[119] Seo C-Y，Kim J-H，Lee PS，Lee J-Y. J Alloys Compds [J]，2003，348：252～257.

[120] Bououdina M，Enoki H，Akiba E.，J Alloys Compds [J]，1998，281：290～300.

[121] Bououdina M，Soubeyroux JL，Rango P de，Fruchart D. Int J Hydrogen Energy [J]，2000，25：1059～1068.

[122] Zaluski L，Zaluska A，Tessier P，Ström-Olsen JO，Schulz R. J Alloys Compds [J]，1995，227：53～57.

[123] Gaseous Hydrogen Storage at Hydrogen for Power Applications-Task 2. 0 Storage of Hydrogen in Solid，Liquid and Gaseous Forms.

[124] 北京华经纵横咨询有限公司. 2012 年稀土储氢合金市场发展深度分析报告.

[125] Pietro Di Profio，Simone Arca，Federico Rossi，Mirko Filipponi. International Journal of Hydrogen Energy [J]，2009，34：9173～9180.

[126] http://www. intechopen. com/books/energy-efficiency/the-energy-efficiency-of-different-hydrogen-storagetechniques.

[127] Jensen，J. O.，Vestbø，A. P.，Li，Q. & Bjerrum，N. J.. J. Alloys Comp. [J]，2007，446～447：723～728.

[128] Borislav Bogdanovi'c，Richard A. Brand，Ankica Marjanovi'c，Manfred Schwickardi，Joachim Tolle，J. Alloys Comp. [J]，2000，302：36～58.

[129] Ma Zhu，M. Y. Chou. J. Alloys Comp. [J]，2009，479：678～683.

[130] E. C. Ashby，P. Kobetz. Inorg. Chem. [J]，1966，5：1615～1617.

[131] J. Wang，D. Ebner Armin，A. Ritter James. J. Am. Chem. Soc. 128 (2006) 5949.

[132] B. C. Hauback，H. W. Brinks，H. Fjellvag. J. Alloys Comp. 346 (2002) 184～189.

[133] M. Fichtner，O. Fuhr，O. Kircher. J. Alloys Comp. 356-357 (2003) 418～422.

[134] Hiroyuki Morioka，Kenichi Kakizaki，Sai-Cheong Chung，Atsuo Yamada. J. Alloys Comp. 353 (2003) 310～314.

[135] M. E. Arroyo y de Dompablo，G. Ceder. J. Alloys Comp. 364 (2004) 6～12.

[136] P. Vajeeston，P. Ravindran，A. Kjekshus，H. Fjellvag. J. Alloys Comp. 363 (2004) L8～L12.

[137] O. M. Løvvik. Phys. Rev. B 71 (2005) 144111.

[138] A. Klaveness，P. Vajeeston，P. Ravindran，H. Fjellvag，A. Kjekshus. J. AlloysComp. 433 (2007) 225～232.

[139] M. Mamatha，C. Weidenthaler，A. Pommerin，M. Felderhoff，F. Schuth. J. AlloysComp. 416 (2006) 303～314.

[140] Chen，P.，et al.. Nature [J]，2002，420：302.

[141] Orimo，S.，et al.. Chem. Rev. [J]，2007，107：4111.

[142] Ichikawa，T.，et al.. J. Alloys Compd. [J]，2004，365：271.

[143] Xiong，Z. T.，et al.. Adv. Mater. [J]，2004，16：1522.

[144] Chen, P., et al.. Oral presentation, MRS Fall Meeting, Boston, MA, 2003.

[145] Luo, W. F.. J Alloy Compd. [J], 2004, 381, 284.

[146] Hu, J., et al.. Chem. Mater. [J], 2008, 20, 4398.

[147] Leng, H. Y., et al.. J. Phys. Chem. B [J], 2004, 108: 8763.

[148] Nakamori, Y., and Orimo, S.. J. Alloys Compd. [J], 2004, 370: 271.

[149] Pinkerton, F. F., et al.. J. Phys. Chem. B [J], 2005, 109: 6.

[150] Aoki, M., et al.. Appl. Phys. A Mater. Sci. Proc. [J], 2005, 80: 1409.

[151] Hu, J. J., et al.. J Phys. Chem. B [J], 2006, 110: 14688.

[152] Xiong, Z. T., et al.. Adv. Funct. Mater. [J], 2007, 17: 1137.

[153] Liu, Y., et al.. J. Phys. Chem. C [J], 2007, 111: 19161.

[154] Liu, Y., et al.. Eur. J. Inorg. Chem. [J], 2006, 21: 4368.

[155] Xiong, Z. T., et al.. Catal. Today [J], 2007, 120: 287.

[156] Wu, G. T., et al.. Inorg. Chem. [J], 2007, 46: 517.

[157] Kojima, Y., et al.. J Phys. Chem. B (2006) 110: 9632.

[158] Yang, J., et al.. Angew. Chem. Int. Ed. [J], 2008, 47: 882.

[159] Züttel, A., et al.. J. Alloys Compd. [J], 2003, 356~357: 515.

[160] Vajo, J. J., et al.. J. Phys. Chem. B [J], 2005, 109: 3219.

[161] Stasinevich, D. S., Egorenko, G. A.. Russ. J. Inorg. Chem. [J], 1968, 13: 341.

[162] Nakamori, Y., et al.. Mater. Trans. [J], 2006, 47: 1898.

[163] Matsunaga, T., et al.. J. Alloys Compd. [J], 2008, 459: 583.

[164] Soloveichik, G., et al.. Inorg. Chem. [J], 2008, 47: 4290.

[165] Kim, J. -H., et al.. J. Alloys Compd. [J], 2008, 461: L20.

[166] [189] Kim, J. -H., et al.. Scripta Mater. [J], 2008, 58: 481.

[167] Jeon, E., and Cho, Y. W.. J. Alloys Compd. [J], 2006, 422: 273.

[168] Stephens, F. H., et al.. Dalton Trans. [J], 2007, 2613.

[169] Marder, T. B.. Angew. Chem. Int. Ed. [J], 2007, 46: 8116.

[170] Xiong, Z. T., et al.. Nat. Mater. [J], 2008, 7: 138.

[171] Diyabalanage, H. V. K., et al.. Angew. Chem. Int. Ed. [J], 2007, 47, 8995.

[172] Varkaraki E, Lymberpoulos N, Zoulias E, Guichardot D, Poli G. Int J Hydrogen Energy [J], 2007, 32: 1589~1596.

[173] Bossi C, Corno AD, Scagliotti M, Valli C. J Power Sources [J], 2007, 171: 122~129.

附 录
中国氢能发电前景展望

（1）风力发电

中国是世界上风力资源占有率最高的国家之一，同时也是世界上最早利用风能的国家之一。据前瞻产业研究院发布的《2014—2018年中国风力发电设备行业产销需求与投资预测分析报告》资料统计显示，中国10m高度层风能资源总量为3226GW，其中陆上可开采风能总量为253GW，加上海上风力资源，中国可利用风力资源约为1000GW。如果风力资源开发率可达到60%，仅风电一项就可支撑我国目前的全部电力需求。国家电网公司从能源可持续发展和环境保护的角度出发，大力接纳新能源发电，推进能源战略转型，提出，到2020年，中国（未含台湾）清洁能源装机比例将达到35%，依赖于储能技术的风力发电和光伏发电装机将突破1.7亿千瓦，其发电量预计超过1亿余吨标准煤发电量，相当于减排二氧化碳2.67亿吨。但当风能、太阳能等可再生能源发电成为支撑电网的主要来源时，这些间歇性和随机性的能量会对电网产生冲击，形成了大量的"弃风"、"弃光"电能。如2012年我国的弃风限电超过200亿度，经济损失巨大。氢储能系统将用"弃风"、"弃光"电力通过电解水制氢技术，将弃风电能转换为氢能作为载体进行储存，并通过对氢能的综合利用，实现弃风电能的充分利用。不仅有效地提高了电网对新能源接纳能力，还可以提高新能源接入电网的品质，具有可观的经济价值。

（2）制氢方面

中国应该是世界第一大产氢国，大概年产1000多万吨的氢气。全世界最大的一个制氢工厂就在中国的鄂尔多斯，是用煤来制氢的，一年能够生产18万吨

144　氢气储能与发电开发

氢气。并且中国在电解水制氢方面技术开发和设备生产等领域也处在世界先进水平。欧洲冰岛雷克雅未克和德国汉堡所使用的电解水制氢装置虽由挪威 Norsk Hydro Electrolysers 公司提供，但实际设备生产商是中国船舶重工集团公司。附图 1 为德国汉堡所使用的电解水制氢装置。

附图 1　德国汉堡所使用的电解水制氢装置
（生产商：中国船舶重工集团公司）

（3）储量材料

中国和日本是世界最大的储氢材料产品国。中国和日本两国几乎包了全世界金属储氢材料的生产；而且我们的销售量比日本还大。并且中国占有稀土资源方面的优势。

中国居于上述在风力发电、制氢以及储氢材料的优势，在中国建立氢能发电体系是非常有发展前景的。